# Automatische Registrierwagen

Eine Sammlung bewährter Konstruktionen
nebst erläuterndem Text

Bearbeitet von

## O. Tauchnitz

**Ingenieur**

—————

**Mit 118 Abbildungen im Text und auf Tafeln**

München und Berlin

Druck und Verlag von R. Oldenbourg

**1913**

# Zur Einführung.

Mit vorliegendem Werk übergebe ich der Öffentlichkeit ein Buch, welches eine Lücke in der schon bestehenden Literatur über Wagenbau ausfüllen soll.

Die vielseitige Anwendung, welche automatische Registrierwagen in vielen Industriezweigen erfahren, das große Interesse, das selbst in Laienkreisen den selbsttätig arbeitenden Wagen entgegengebracht wird, dürfte schon allein die Herausgabe des Buches gerechtfertigt erscheinen lassen.

Aus dem großen Gebiet der Anwendbarkeit, welche automatische Wagen durch ihre Eichfähigkeit erlangen, seien nur einige hervorgehoben.

In allen Silos und Bodenspeichern, Hafenanlagen zur Getreideumladung und Verzollstationen dienen sie zur vollständig genauen und zuverlässigen selbsttätigen Verwiegung des Getreides; in Mühlen-, Brauerei-, Mälzerei- und Brennereibetrieben dienen sie zur Kontrolle über das Getreide, welches aus dem Speicher zur Mühle läuft, gereinigt und verarbeitet wird; über die zur Malzfabrikation verwendete Gerste usw.

In Zuckerfabriken werden die zur Verarbeitung gelangenden Rüben automatisch verwogen und kommen dann in die Schnitzelmaschine.

In Mühlenwerken wird durch die Einschaltung einer automatischen Mehlwage eine genaue Berechnung der Ausbeute ermöglicht.

In Kesselhäusern werden die zur Verfeuerung gelangenden Kohlen mittels der automatischen Kohlenwage verwogen.

In Ton- und Zementfabriken finden automatische Wagen Anwendung zum Mischen der Rohmaterialien und zur Verwiegung des fertigen Materials.

In Ölfabriken wird vermittelst der automatischen Ölwage das produzierte Quantum festgestellt.

In Kohlenbergwerken werden die dem Schoße der Erde ent-
rissenen schwarzen Diamanten mittels der automatischen Rollbahn-
wage verwogen.

Außerdem finden automatische Wagen Anwendung zum Verwiegen von Rohzucker, Trockenschnitzeln, Kaffeebohnen, Kartoffeln,
Salz, Kleie und allen möglichen körnigen, flüssigen, mehl- und pulver-
förmigen Materialien.

Bei der Bearbeitung des vorliegenden Werkes hat sich der Verfasser von rein praktischen Erwägungen leiten lassen; in der Annahme, daß es für den Leser von größter Wichtigkeit ist, die Konstruktionen der einzelnen Wagen leicht zu erfassen, wurde für den
vorliegenden Stoff die allgemeinverständliche, beschreibende Form
gewählt unter Auslassung jeder Theorie.

Der Verfasser glaubt nicht fehlzugehen in der Annahme, daß
sowohl Lehrer wie Studierende, als auch die schon in der Praxis
tätigen Techniker, besonders Konstrukteure des Automatenbaues,
aus dem Buche viel lernen und Anregung schöpfen werden.

Indem ich hoffe, daß das vorliegende Werk dank seiner leicht-
faßlichen Ausführungen Anerkennung finden möge, glaube ich zur
technischen Literatur hiermit einen wertvollen Beitrag geleistet zu
haben.

Düsseldorf, im September 1912.

**Otto Tauchnitz.**

# Inhaltsverzeichnis.

## Automatische Wagen der Gruppe B.

# Allgemeines.

Unter einer automatischen Wage ist eine Vorrichtung zu verstehen, welche das ihr zugeführte Material vollkommen selbsttätig verwiegt und das verwogene Quantum an einem sichtbaren Zählwerk anzeigt und laufend registriert.

Das Prinzip in der Arbeitsweise ist bei allen automatischen Wagen dasselbe. Ein Wagebalken ist an einer Seite mit einem zur Aufnahme des zu verwiegenden Materials dienenden Behälter, an der anderen Seite mit einer Gewichtschale belastet, auf welcher sich die Gewichtstücke befinden, welche dem Gewicht einer Füllung des Behälters gleich sind. Der Zufluß des zu verwiegenden, in den Behälter fließenden Materials wird bei genügender Füllung des Behälters selbsttätig abgesperrt, worauf der Behälter entleert. Nach beendeter Entleerung wird der Zufluß selbsttätig wiederhergestellt, und die Füllung des Behälters beginnt von neuem.

Die automatischen Wagen werden in zwei Hauptgruppen eingeteilt, nämlich in

    A. eichfähige oder sog. Handelswagen,
    B. nicht eichfähige oder Kontrollwagen.

Zur Gruppe A gehören alle diejenigen Wagen, welche den Vorschriften der Eichbehörden genügen und mit derselben Genauigkeit und Zuverlässigkeit arbeiten wie die Verwiegung von Hand mittels einer gewöhnlichen Balken- oder Dezimalwage.

Zur Gruppe B gehören alle sonstigen automatischen Wägevorrichtungen, welche auf die einfachste Art konstruiert sind und auf genaue und zuverlässige Verwiegung keinen Anspruch erheben können. Dieselben werden auch ausnahmslos als Kontrollwagen benutzt, z. B. in Zementfabriken zur Herstellung des richtigen Mischungsverhältnisses von Ton und Kalk, in Kesselhäusern zur Feststellung des verfeuerten Kohlenquantums, in Ölmühlen zur ungefähren Berechnung der Ausbeute usw.

# Die Elemente der automatischen Wagen.

An sämtlichen automatischen Wagen der beiden Gruppen befinden sich als Hauptelemente die folgenden:

a) die Einlaufvorrichtung mit Absperrmechanismus,
b) der Wagebalken,
c) das Gefäß oder der Behälter,
d) die Gewichtschale;

bei den Wagen der Gruppe A kommt je nach dem Verwendungszweck derselben noch hinzu:

e) Gefäßgehänge mit Parallelführung,
f) die Abstufung,
g) die Reguliervorrichtung.

Durch die Eigenschaften des zu verwiegenden Materials wird auch bedingt, ob die Zuführung des Materials in die Wage selbsttätig erfolgt oder ob es eines motorischen Antriebes dazu bedarf. In letzterem Falle wird mittels Riemscheibe das an der Wage befindliche Rührwerk, Schüttelwerk od. dgl. angetrieben und dadurch die Zuführung schlecht fließenden Materials in die Wage bewirkt.

### a) Einlaufvorrichtungen nebst Absperrmechanismen.

Den Teil der Wage, welchem das zu verwiegende Material von außen zugeführt und durch welchen dasselbe in den Behälter der Wage geleitet wird, bezeichnet man als Einlauf. Zu jedem Einlauf gehört eine Vorrichtung, durch welche der Zufluß in das Gefäß der Wage abgesperrt werden kann; diese Vorrichtung ist der Absperrmechanismus.

Die Fig. 1—13 zeigen in schematischer Darstellung eine Reihe von Einlauftypen nebst dazugehörigen Absperrmechanismen. Den Eigenschaften des zu verwiegenden Materials entsprechend wird der Einlauf trichterförmig, prismatisch, rund od. dgl. ausgebildet sein. Der Abschluß erfolgt durch eine oder mehrere Klappen, auch durch sog. Fallhebel, bei Flüssigkeitswagen mittels Drosselklappe usw. Während bei den Typen Fig. 1—4, 5, 7, 9—11, 13 die Zuführung des Materials selbsttätig erfolgt, zeigt Fig. 6 die Zuführung mittels Schnecke, Fig. 8 mittels Schüttelrinne und Fig. 12 die Zuführung mit Hilfe eines Rührwerks.

Die Einlaufvorrichtung Fig. 1—4 ist fast ohne Ausnahme an denjenigen automatischen Wagen angebracht, welche zum Verwiegen von körnigem oder sandförmigem Material dienen, z. B. Roggen, Weizen, Gerste, Hafer, Malz, Malzkaffee, Leinsaat, Ölsaat, Sandzucker, Sonnenblumensamen, Palmkerne, Zement usw. Wie aus den Fig. 1—3 ersichtlich, hat der Einlauf im Querschnitt die Form eines Trichters, welcher unten in eine prismatische Form ausläuft. Die Absperrung des Zuflusses erfolgt durch die beiden Klappen $i$ und $k$; während

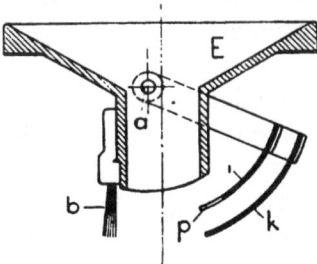 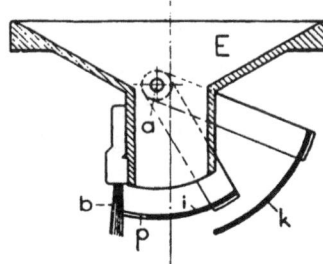

Fig. 1.                              Fig. 2.

die innere Klappe $i$ im geschlossenen Zustande (Fig. 2 u. 3) sanft gegen die Bürste $b$ lehnt, greift die äußere Klappe $k$ unter dieselbe hinweg (Fig. 3). In der inneren Klappe $i$ befinden sich zwei Öffnungen $p$, Streulöcher genannt, durch welche bei geschlossener innerer Klappe das Material noch in dünnen Strahlen ins Gefäß laufen kann.

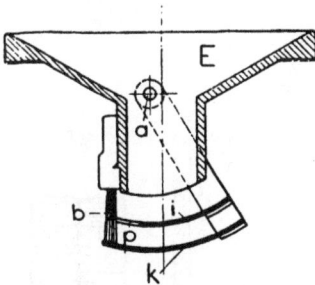 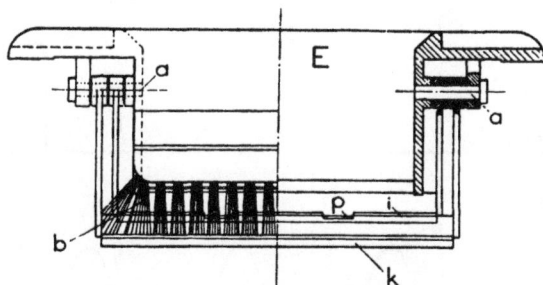

Fig. 3.                              Fig. 4.

Dieser Einlauf arbeitet in der Weise, daß das zu verwiegende Material zuerst in voller Stärke durch den vollständig geöffneten Einlauf in das Gefäß fließt (Fig. 1). Sobald die Gefäßfüllung nahezu erreicht ist, schließt sich die innere Klappe $i$, und der Zufluß erfolgt in zwei dünnen Strahlen (Fig. 2). Sobald auch die äußere Klappe $k$ geschlossen ist, hört der Zufluß vollständig auf. Dieser Zustand tritt ein, wenn sich im Gefäß der Wage ein bestimmtes Quantum des zu

**1***

verwiegenden Materials befindet. Fig. 4 zeigt den Einlauf zur Hälfte in Längsansicht und im Längsschnitt. Die beiden Einlaufklappen sind seitlich des Einlaufes um den Bolzen *a* lose drehbar angeordnet.

Fig. 5 zeigt eine Einlaufvorrichtung für automatische Wagen, welche zum Verwiegen von Kartoffeln, Zuckerrüben od. dgl. dienen.

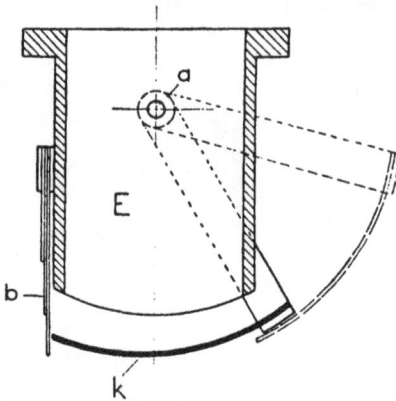

Fig. 5.

Der Einlauf hat prismenförmige Gestalt und wird unten durch die Klappe *k*, welche gegen die Bürste *b* lehnt, abgeschlossen. Wie beim Einlauf Fig. 1—4 ist auch bei diesem Einlauf die Klappe *k* zu beiden Seiten desselben bei *a* lose drehbar angeordnet; die Bürste *b* besteht aus mehreren, der Länge des Einlaufes entsprechenden Anzahl von Flacheisenlamellen.

Fig. 6 zeigt eine Einlaufvorrichtung für Wagen, welche zum Verwiegen von Mehl oder mehlähnlichen Stoffen dienen. Das zu verwiegende Material wird bei *F* in ein Schneckengehäuse geleitet und mittels der durch die Riemscheibe *R* angetriebenen Schnecke *S* dem Einlauf *E* zugeführt.

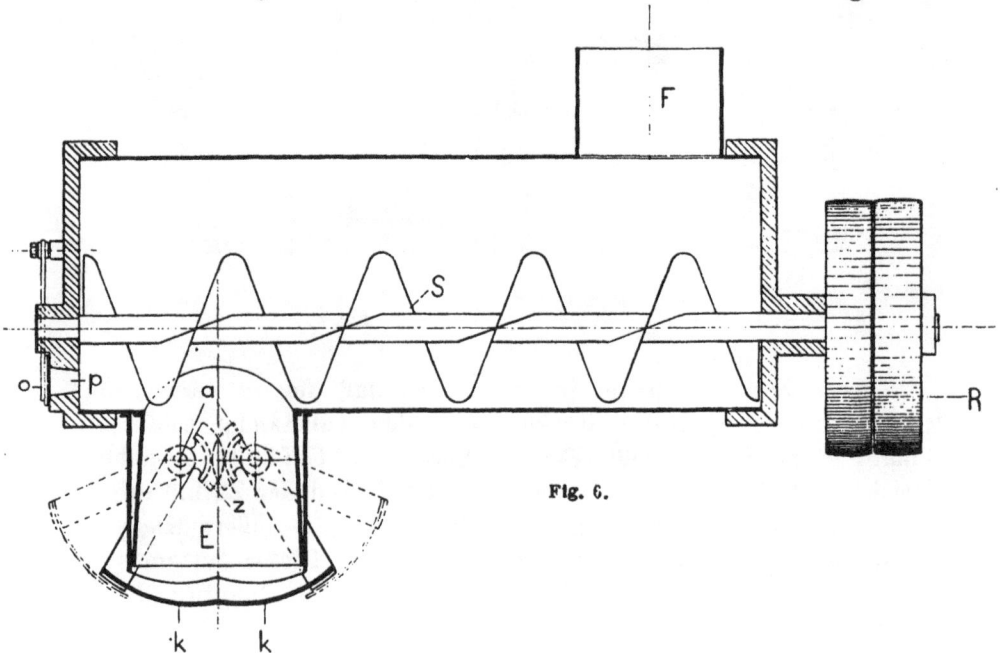

Fig. 6.

Der sich an das Schneckengehäuse anschließende Einlauf $E$ hat einen runden, sich nach unten verbreiternden Querschnitt. Um den Einlauf befindet sich ein zylindrischer Mantel, welcher unten durch die beiden Klappen $k$ abgesperrt wird. An der linken Wand des Schneckengehäuses befindet sich das Streuloch $p$, welches durch die Klappe $o$

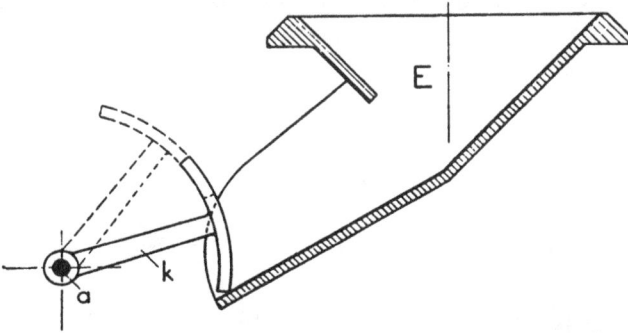

Fig. 7.

abgeschlossen wird. Der Arbeitsvorgang bei dieser Einlaufvorrichtung ist folgender: Das zu verwiegende Mehl tritt bei $F$ ein, wird mittels der Schnecke $S$ nach dem Einlauf $E$ transportiert und fällt in voller Stärke in das Gefäß. Die beiden Einlaufklappen $k$, welche bei $a$ lose drehbar angeordnet sind, öffnen und schließen sich gleichzeitig vermöge der Zahnsegmente $z$. Nach Durchgang eines bestimmten Quantums durch den Einlauf $E$ schließen sich die Klappen $k$, und der weitere Zufluß in das Gefäß der Wage erfolgt nun durch das runde, sich ebenfalls verbreiternde Streuloch $p$, bis die richtige Füllung im Gefäß erreicht ist, worauf auch dieser letzte Zufluß durch

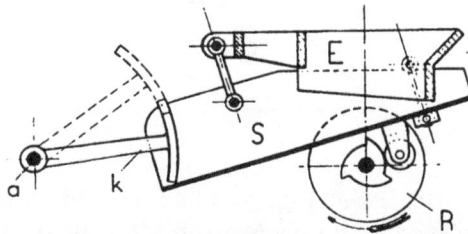

Fig. 8.

die Klappe $o$ abgesperrt wird. Nach erfolgter Entleerung des Gefäßes öffnen sich sowohl die beiden Klappen $k$ als auch die Klappe $o$ selbsttätig, und der Zufluß beginnt von neuem.

Fig. 7 zeigt den Einlauf einer automatischen Wage für Steinkohlen usw. Derselbe hat die Form eines Trichters, dessen linke Wand in eine Rinne ausläuft. Der Abschluß erfolgt durch eine Anzahl sog. Fallhebel $k$, welche bei $a$ lose drehbar gelagert sind und mit ihrem hammerförmigen Kopf auf den Trichter aufschlagen. Bei ge-

öffnetem Zufluß befinden sich die Hebel in der punktiert gezeichneten Lage.

Der Einlauf Fig. 8 wird hauptsächlich bei Kohlenwagen angewendet. Unterhalb des Einlauftrichters E befindet sich die Schüttelrinne S, welche mittels der Riemscheibe R angetrieben wird. Die
Absperrung des Zuflusses erfolgt in derselben Weise wie bei der Einlaufvorrichtung Fig. 7 mittels einer Anzahl Fallhebel k, welche bei a
lose drehbar gelagert sind.

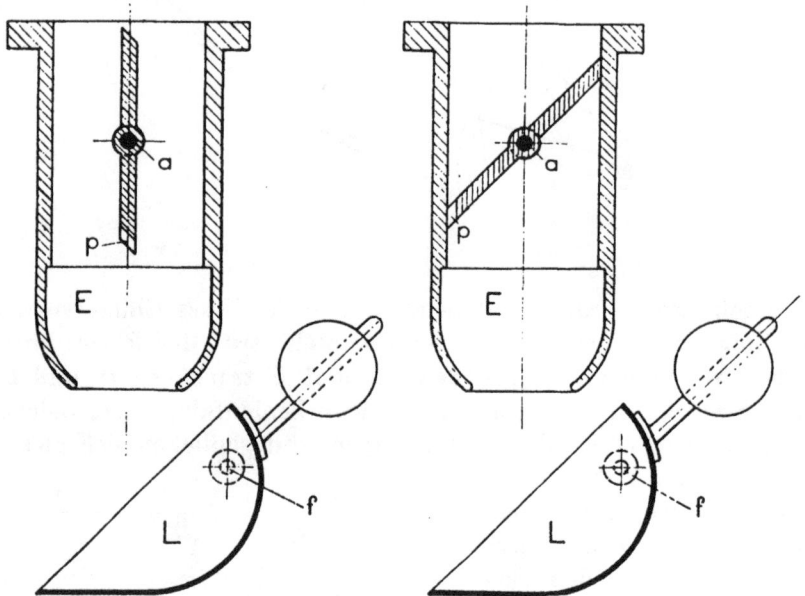

Fig. 9.                    Fig. 10.

Der in den Fig. 9—11 dargestellte Einlauf befindet sich an den Wagen,
welche zum Verwiegen von Flüssigkeiten, z. B. Öl, Petroleum usw., dienen.
Im Innern des zylindrischen Einlaufrohres E befindet sich eine Drosselklappe, welche bei a lose drehbar angeordnet ist. Unterhalb der Auslauföffnung befindet sich das bei f lose drehbar angebrachte Gefäß L.

Der Einlaufmechanismus funktioniert in der Weise, daß die zu
verwiegende Flüssigkeit anfänglich in vollem Strahl durch den geöffneten Einlauf fließt, nach Schließen der Drosselklappe läuft nur
noch ein dünner Strahl durch die in der Drosselklappe befindliche
Öffnung p. Die Stellung der Einlaufvorrichtung während des
vollen Zuflusses zeigt Figur 9. Die zu verwiegende Flüssigkeit
fließt durch den geöffneten Einlauf auf das umgekippte Gefäß L

und dann in das am Gefäßgehänge befindliche Hauptgefäß. Fig. 10 zeigt
den Einlauf während der Streuperiode. Die Drosselklappe ist geschlossen
und der Hauptzufluß demnach abgesperrt. Durch die in der Drosselklappe befindliche Öffnung *p* fließt noch ein
schwacher Strahl des zu verwiegenden Materials in das Hauptgefäß. Fig. 11 zeigt den Ein-

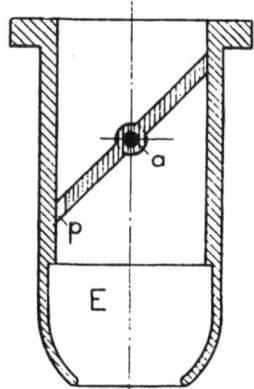

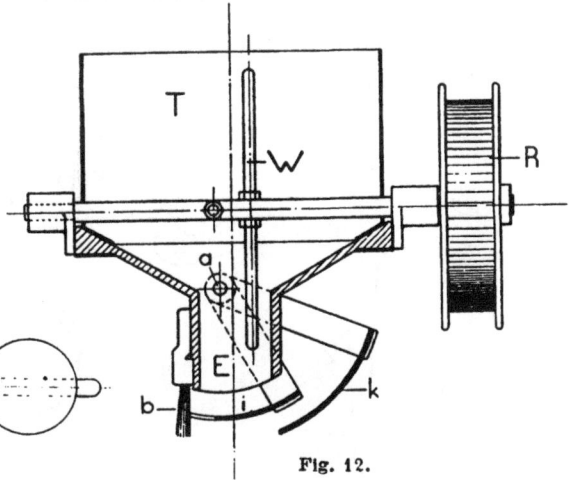

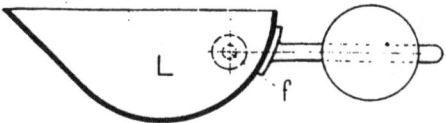

Fig. 11.

Fig. 12.

lauf bei vollkommen abgesperrtem Zufluß. Das durch die Öffnung der
Drosselklappe fließende Öl sammelt sich in dem aufgerichteten Behäl-
ter *L*. Inzwischen hat das Hauptgefäß entleert, und durch selbsttätiges
Öffnen der Drosselklappe und Um-
kippen des Gefäßes *L* erfolgt der
Zufluß wieder in voller Stärke.

Der Einlauf Fig. 12 gleicht in
seinem unteren Teil dem zu Fig. 1
bis 4 beschriebenen. Dieser befindet sich an Wagen, welche zum
Verwiegen von Kleie, Futtermehl
usw. dienen; Stoffe, welche leicht
die Durchgangsöffnung verstopfen. Um das Verstopfen zu vermeiden, ist das Rührwerk *W* an-

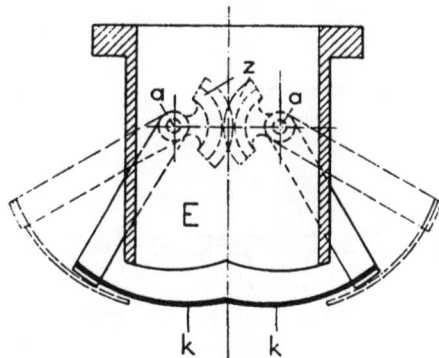

Fig. 13.

gebracht, welches durch die Riemscheibe *R* angetrieben wird. Der
aufgesetzte Blechtrichter *T* ermöglicht infolge seines großen Fas-
sungsvermögens ein schnelleres Arbeiten der Wage.

Fig. 13 zeigt den Einlauf einer Wage für Trockenschnitzel usw. Derselbe hat prismatische Form; der Abschluß erfolgt durch die beiden Klappen *k*, welche bei *a* lose drehbar gelagert sind und durch die an denselben befestigten Zahnsegmente *Z* sich gleichzeitig öffnen oder schließen.

## b) Der Wagebalken.

Der wichtigste Teil an jeder automatischen Wage ist zweifellos der Wagebalken. Derselbe besteht aus Gußeisen mit eingesetzten oder eingeschraubten Stahlschneiden. Der Balken ruht in seinen mittleren Schneiden auf Stahlpfannen auf,

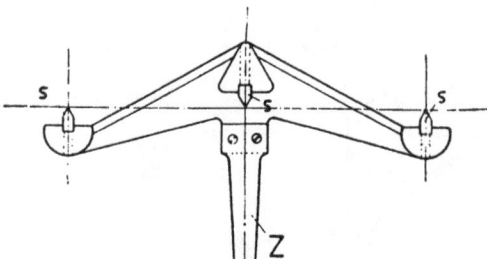

Fig. 14.

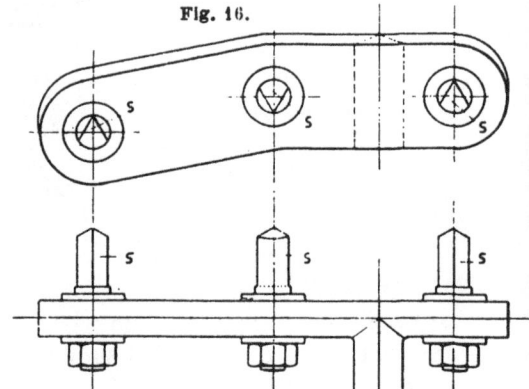

Fig. 16.

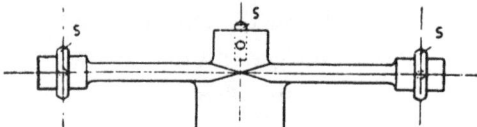

Fig. 15.

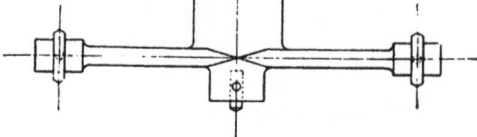

Fig. 17.

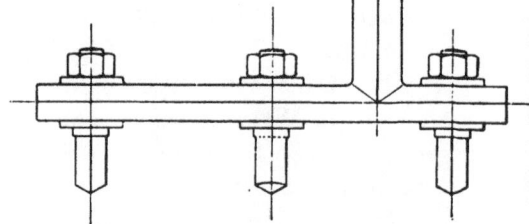

er schwingt also um die Mittelschneiden; die äußeren Schneiden dienen zur Aufnahme des Gefäßgehänges nebst Gefäß und der Gewichtschale. Von der richtigen Konstruktion des Wagebalkens hängt zum größten Teil das gute und richtige Funktionieren der Wage ab.

Es kommen hauptsächlich zwei Arten von Wagebalken zur Anwendung, nämlich der gleicharmige, vollkommen symmetrische und der unsymmetrische Balken, deren Beschreibung nachstehend folgt.

Der in Fig. 14 u. 15 abgebildete Balken ist ein gleicharmig-symmetrischer und wird ausnahmslos bei allen automatischen Wagen, bei denen eine genaue Verwiegung erzielt werden soll, gebraucht. Er ist also bei eichfähigen, kontrollier- und regulierbaren Wagen unbedingt in der dargestellten oder einer ähnlichen Form notwendig. Wie aus der Fig. 15 ersichtlich, hat der Wagebalken zwei Armpaare, welche durch einen Steg verbunden sind. Die drei Schneiden $s$ liegen in einer Geraden (Fig. 14); der Balken wird am besten schwingen, wenn der Schwerpunkt desselben einige Zentimeter unterhalb der mittleren Schneide liegt. Der Zeiger $Z$ gibt an einer am Ständer befestigten Skala den Ausschlag des Balkens an.

Eine von der vorbeschriebenen gänzlich abweichende Form zeigt der Balken Fig. 16 u. 17. Zunächst sind hierbei die Schneiden $s$ nicht mittels Zapfen eingesetzt wie bei Fig. 14, sondern seitlich verschraubt. Die drei Schneiden $s$ in Fig. 16 liegen nicht in einer Geraden, die rechts befindliche liegt höher. Durch diese Anordnung der Schneiden wird ein plötzliches Herabschnellen des Wagebalkenarmes, an welchem das Gefäß hängt, bewirkt, sobald die Füllung desselben ein bestimmtes Gewicht erreicht hat. Bei vielen Wagen wird nämlich durch die Wucht des plötzlichen Herabschnellens des Wagebalkens das Gefäß zum Umkippen und Entleeren gebracht. Der Abstand der Schneiden $s$ voneinander kann gleich sein, es empfiehlt sich jedoch, den Arm, der das Gefäß trägt, eher länger als kürzer zu halten wie den Arm, an welchem die Gewichtschale hängt.

Diese Wagebalkenart ist ausschließlich bei Kontrollwagen in Anwendung, bei welchen sich dieselbe gut bewährt hat. Über die Wirkungsweise dieses Wagebalkens wird bei den unter Gruppe B beschriebenen Öl- und Zementwagen ausführlich berichtet werden.

### c) Das Gefäß.

Das Gefäß ist derjenige Teil an der Wage, in welchen das zu verwiegende Material hineinfließt, nachdem es den Einlauf der Wage passiert hat. Sobald das ins Gefäß geflossene Quantum ein bestimmtes Gewicht erreicht hat, wird bekanntlich der Einlauf vom weiteren Zufluß abgesperrt, und das Gefäß entledigt sich seines Inhalts. Das Gefäß befindet sich an der Wage direkt unter dem Einlauf und ruht mittels Schneiden oder Bolzen in einem Gehänge, welches wiederum in den Schneiden des Wagebalkens hängt. Die Formen der Gefäße sind verschieden und müssen den Eigenschaften des zu verwiegenden Materials entsprechen. In Fig. 18 ist ein Gefäß dargestellt, welches

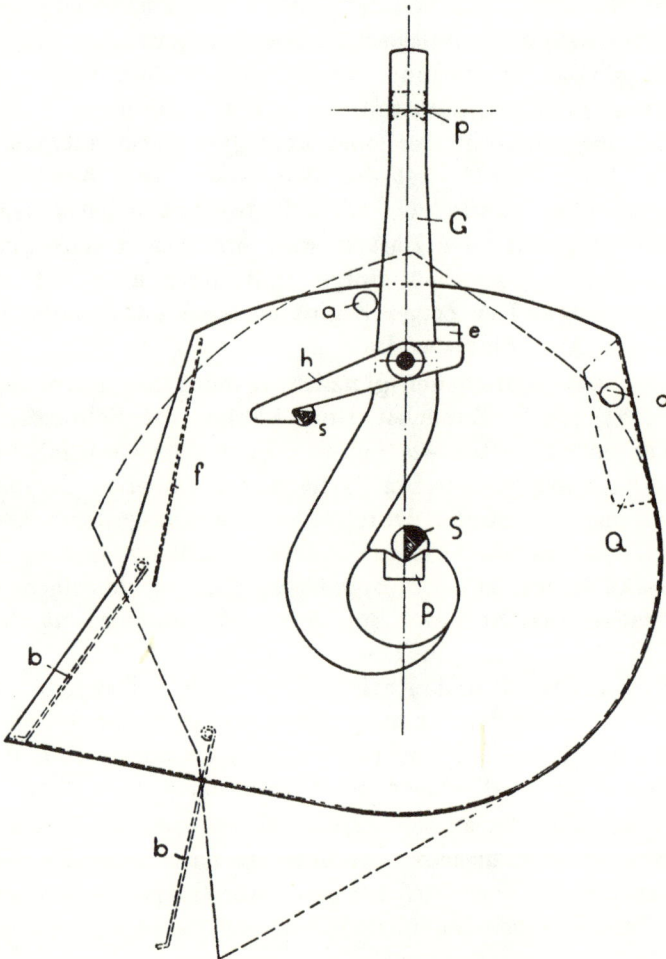

Fig. 18.

sich seines Inhalts durch Umkippen entledigt; in Fig. 20 ein solches, welches durch Öffnen der Bodenklappe entleert.

Fig. 18 zeigt ein sog. Kippgefäß. An dem Gehänge $G$, welches mittels der Stahlpfanne $p$ auf den Schneiden des Wagebalkens hängt, befindet sich unten die Stahlpfanne $P$, in welcher mittels der Schneide $S$ das Gefäß ruht. Im leeren Zustande liegt der Schwerpunkt des Gefäßes rechts der Schneide S, der Gefäßanschlag a drückt gegen das Gehänge und verhindert ein Umkippen des Gefäßes nach rechts. Sobald das Gefäß gefüllt ist, verlegt sich der Schwerpunkt desselben nach links und wird nun durch den am Gehänge lose drehbar angebrachten Gefäßhaken h, der in die Schneide s eingreift, vor dem Umkippen nach links und somit dem Entleeren bewahrt. Bei ge-

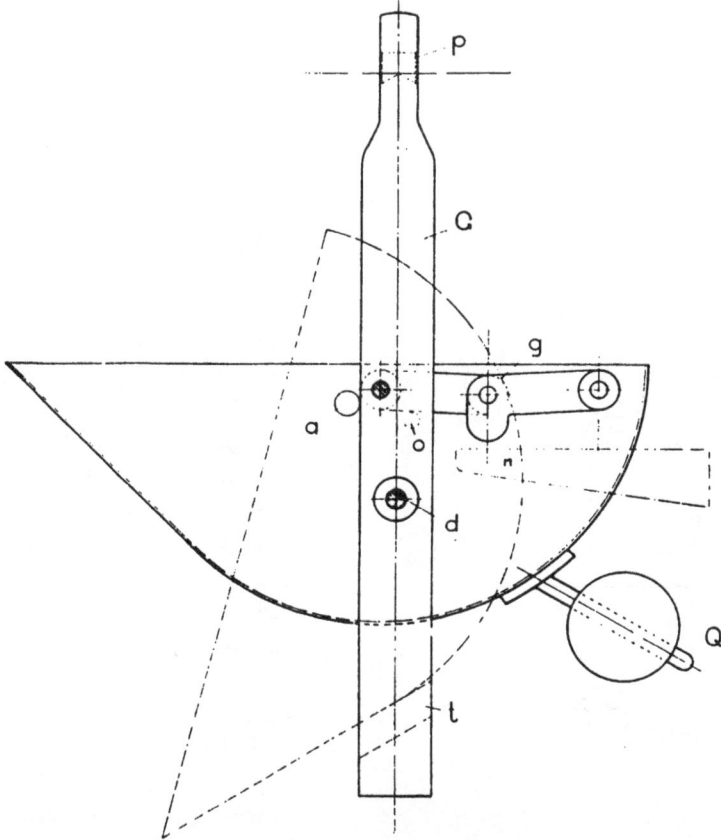

Fig. 19.

nügender Füllung des Gefäßes wird der Gefäßhaken h selbsttätig angehoben, infolgedessen kippt das Gefäß um, bis der rechts vom Gehänge befindliche Anschlag a gegen das Gehänge schlägt. Beim Umkippen öffnet sich die Gefäßklappe b, durch die entstehende Öffnung entweicht das Material. Das im Gefäßinnern angebrachte Gewicht Q bewirkt das selbsttätige Zurückgehen des Gefäßes nach beendeter Entleerung. Während der umgekippten Lage des Gefäßes lehnt sich der Gefäßhaken h gegen den am Gehänge befindlichen Anschlag e. f stellt eine Verbindung zwischen der vorderen und hinteren Gefäßwand dar.

Ausgenommen mehlartige und flüssige Materialien, eignet sich diese Gefäßart für fast alle in Frage kommenden Fälle.

Fig. 19 zeigt ebenfalls ein Kippgefäß, welches hauptsächlich für Flüssigkeitswagen in Betracht kommt. An dem Gehänge G befindet sich oben die Pfanne p zum Einhängen in den Wagebalken; unten ist das Gefäß um einen Zapfen d drehbar gelagert. Eine Lagerung mittels Schneide und Pfanne ist hierbei nicht notwendig, weil durch danebenspritzendes Öl dieselbe immer geschmiert ist, wodurch ein leichtes Umkippen des Gefäßes zur Genüge gewährleistet wird. Das leere Gefäß stützt sich mit dem Anschlag a gegen das Gehänge G, das gefüllte Gefäß wird durch das Gelenk g, dessen mittlerer Bolzen unterhalb der beiden anderen liegt, vor dem Umkippen bewahrt. Das Gelenk ist links am Gehänge, rechts am Gefäß befestigt und wird durch den am Gehänge befindlichen Bolzen o vor dem Umknicken nach unten bewahrt. Sobald die Gefäßfüllung ein bestimmtes Gewicht erreicht hat, geht das Gehänge samt Gefäß abwärts, bis das Gelenk g gegen den am Ständer befindlichen Vorsprung n stößt, infolgedessen es nach oben umknickt und das Gefäß auf diese Weise zum Umkippen und Entleeren bringt. In der umgekippten Stellung liegt das Gefäß auf der Traverse t auf. Durch das Gewicht Q wird ein sofortiges Zurückschlagen des Gefäßes nach beendeter Entleerung bewirkt.

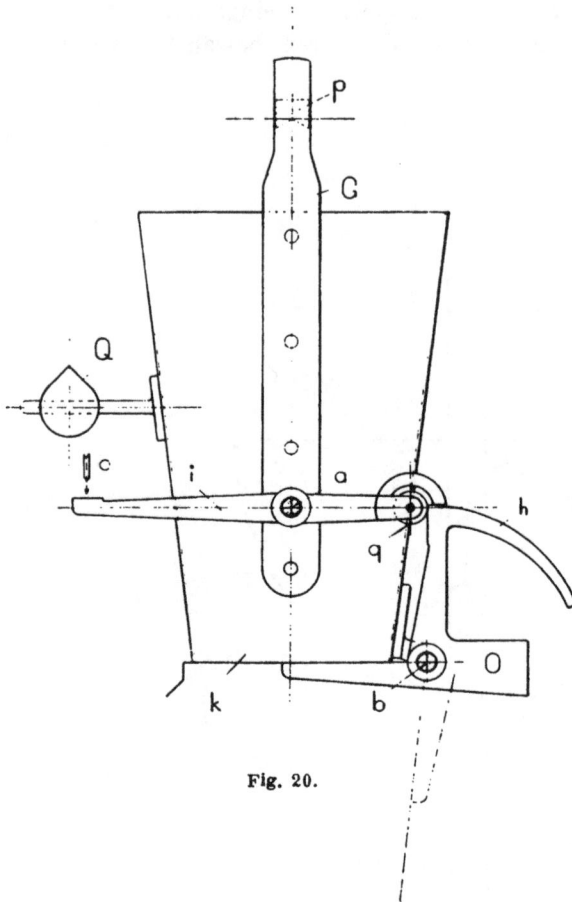

Fig. 20.

Das in Fig. 20 abgebildete Gefäß unterscheidet sich von den
vorher beschriebenen in der Hauptsache dadurch, daß es nicht durch
Umkippen, sondern durch Öffnen der Bodenklappe sich seines Inhalts entledigt. Um den Druck des im Gefäß befindlichen Materials auf die Bodenklappe möglichst zu verringern, erhält das
Gefäß eine nach unten schmäler werdende Form. Das Gehänge G
ist am Gefäß mittels Schrauben oder Nieten befestigt. Die Bodenklappe k ist an zwei am Gefäß befestigten Böckchen bei b lose drehbar gelagert. Bei leerem Gefäß wird die Bodenklappe k durch die
Schwere des Scharnierteils O gegen das Gefäß gedrückt. Bei ganz
oder teilweise gefülltem Gefäß, wenn also das im Gefäß befindliche
Material gegen die Bodenklappe drückt, wird das Offengehen derselben durch den Hebel h verhindert, welcher mit dem Scharnierteil O
fest verbunden ist. Dieser Hebel drückt gegen die Rolle q des Hebels i,
welcher am Gefäß bei a lose drehbar gelagert ist. Sobald die im Gefäß
befindliche Füllung ein bestimmtes Gewicht erreicht hat, wird der
Hebel i bei c selbsttätig nach abwärts gedrückt, die Rolle q geht nach
aufwärts, und der Hebel h, seines Stützpunktes beraubt, schlägt nach
links herum, indem sich durch den Druck des im Gefäß befindlichen
Materials auf die Bodenklappe k dieselbe öffnet. Durch die Schwere
des Scharnierteils O wird das selbsttätige Zuschlagen der Klappe nach
beendeter Entleerung des Gefäßes bewirkt. Das Gewicht Q dient
zum Ausgleich des Gewichtes der Scharnierteile O, wodurch sich das
Gefäß stets in senkrechter Lage befindet.

Diese Gefäßart ist für alle Materialien, ausgenommen flüssige, zu em-
pfehlen und hat sich besonders bei Mehl- und Zementwagen gut bewährt.

### d) Die Gewichtschale.

Wie bereits erwähnt, wird der Wagebalken einerseits mit dem
Gefäßgehänge nebst Gefäß und auf der anderen Seite mit der Gewichtschale belastet. Da der so belastete, gleicharmig-symmetrische Wagebalken in seiner Ruhelage die Mittelstellung einnehmen soll, d. h. die
drei Schneiden des Balkens sollen in einer Wagerechten liegen, so
folgt daraus, daß das Gehänge nebst Gefäß ebenso schwer sein muß
wie die Gewichtschale. Auf derselben werden die Gewichte plaziert,
welche einer Gefäßfüllung gleich sind. Ist z. B. das Gefäß für eine
jedesmalige Entleerung von 100 kg eingerichtet, so befinden sich auch
auf der Gewichtschale 100 kg. Außer der genannten Gewichtschale,
welche bei allen eichfähigen und regulierbaren automatischen Wagen
ausnahmslos angewendet wird, benutzt man bei den sog. Kontroll-

wagen häufig Gewichtschalen, bei denen die Gewichte in Fortfall kommen und welche allein durch ihre Schwere wirken. Beide Arten sollen nachstehend kurz erläutert werden.

Fig. 21 u. 22 zeigen eine Gewichtschale zum Aufstellen von Gewichten. An der Platte *P*, welche zur Aufnahme der Gewichte dient, befinden sich die beiden Arme *A*, in deren Öffnungen Stahlpfannen *p* eingesetzt sind, mittels welchen die Gewichtschale auf den Schneiden

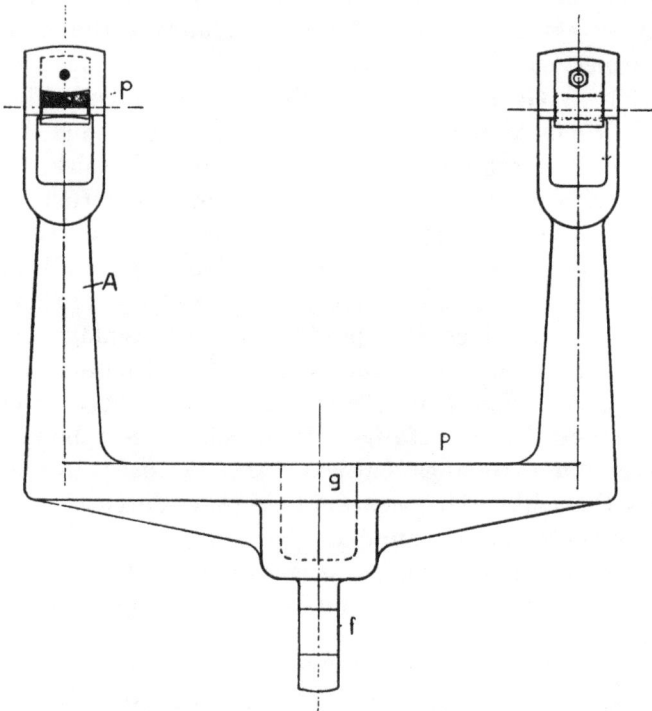
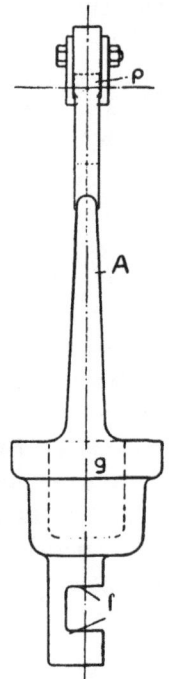

Fig. 21.                                            Fig. 22.

des Wagebalkens aufruht. Zum genauen Ausbalancieren der Gewichtschale mit dem Gefäß nebst Gehänge dient die in der Mitte der Platte befindliche Öffnung *g*, welche je nach Bedarf mehr oder weniger mit Blei ausgegossen wird. Der unterhalb der Platte befindliche Stutzen *f* dient sowohl zur Auflage der Gewichtschale auf einer Traverse, verhindert aber auch das zu hohe Aufwärtsgehen der Gewichtschale bei gefülltem Gefäß.

Fig. 23 u. 24 stellen eine Gewichtschale dar, wie solche bei Kontrollwagen vielfach in Anwendung sind. An dem Gußkörper, in welchem sich eine Öffnung g zum Ausgießen mit Blei befindet, sind die beiden Arme A befestigt, welche mittels der Pfannen p in den Wagebalken eingehängt werden. Der unten befindliche Stutzen f dient zur Auflage der Gewichtschale auf ein entsprechend geformtes Unterteil.

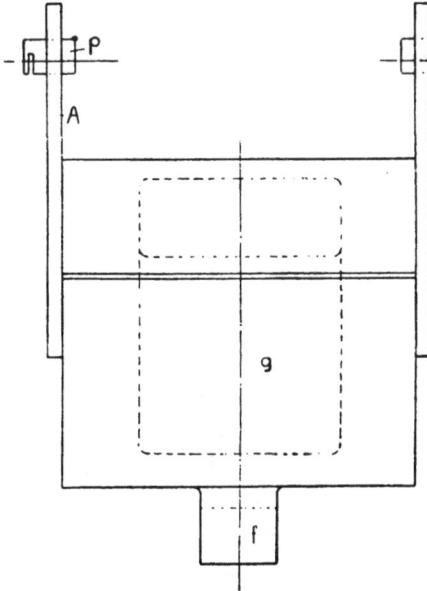 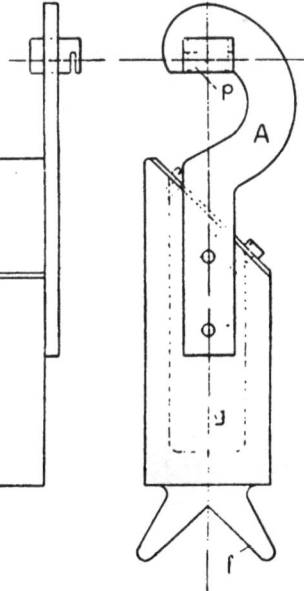

Fig. 23.                    Fig. 24.

### e) Gefäßgehänge und Parallelführungen.

Während des Betriebes der Wage wird sich bei allen Gefäßen, namentlich bei den Kippgefäßen, der Übelstand herausstellen, daß dieselben durch das häufige Um- und Zurückschlagen Schwankungen im Gehänge verursachen, welche den genauen Gang der Wage sehr nachteilig beeinflussen können. Um diese Schwankungen und Stöße aufzufangen bzw. zu vermindern, werden vorteilhaft Parallelführungen angewendet.

Fig. 25 zeigt eine Parallelführung in ihrer einfachsten und vorteilhaftesten Form. In den beiden Augen des Stabes a befinden sich die Schneiden b und d. Während die Schneide b gegen den Pfannenbolzen des Gehänges drückt, drückt die Schneide d gegen den am Ständer befestigten Bolzen f. Durch Verlegung der Pfannenmitte k nach links wird erreicht, daß der Bolzen o des Gehänges stets gegen die Schneide b drückt, an der anderen Seite des Stabes drückt die Schneide d gegen den Bolzen f; der Stab a liegt niemals lose, sondern wird stets auf Druck beansprucht. Der Abstand $i$ der Schneiden des Stabes $a$ ist genau gleich der Entfernung $i$ der beiden Wagebalkenschneiden voneinander.

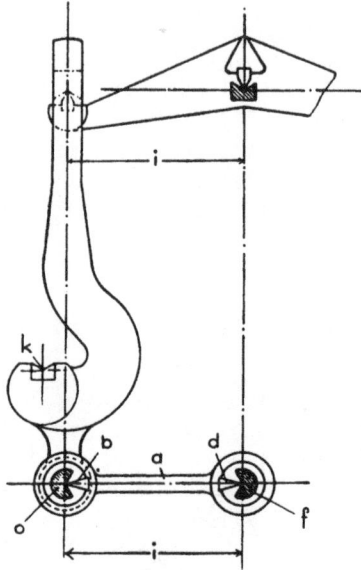

Fig. 25.

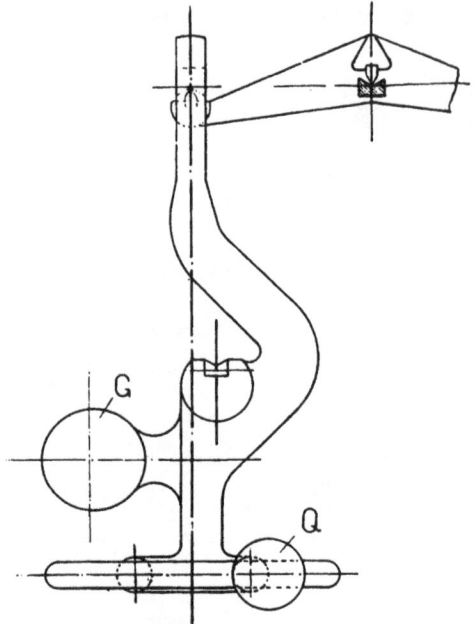

Fig. 27.

Die in Fig. 26 dargestellte Parallelführung ist eine ähnliche wie Fig. 25, nur mit dem Unterschiede, daß in jedem Auge des Stabes $a$

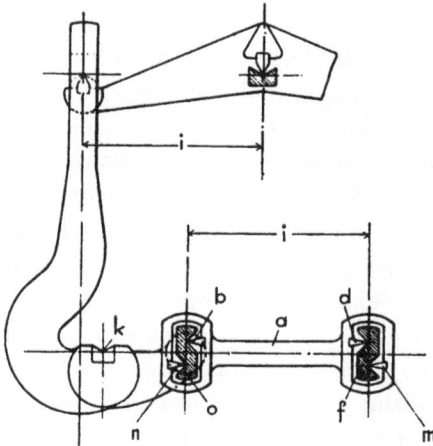

Fig. 26.

zwei Schneiden befestigt sind, welche in entsprechend geformten Pfannenbolzen aufliegen, von welchen der Bolzen $o$ am Gehänge und der Bolzen $f$ am Ständer befestigt ist. Diese Art der Parallelführung kommt in Anwendung, wenn sich aus der Konstruktion der Wage die Notwendigkeit ergibt, das Gefäß so weit wie möglich nach der Mitte des Wagebalkens hin zu verlegen. Bei leerem Gefäß werden die nach innen gerichteten Schneiden $n$ und $m$ des Stabes $a$ beansprucht; bei gefülltem Gefäß sowie beim Umkippen desselben die nach außen gerichteten Schneiden *b* und *d*, d. h. im ersten Falle wird der Stab *a* auf Zug, im letzteren Falle auf Druck beansprucht. Genau wie in Fig. 25 müssen die Abstände *i* der Wagebalkenschneiden voneinander sowie der Schneiden des Stabes *a* gleich sein.

Bei dem in Fig. 27 dargestellten Gehänge fehlt die Parallelführung. Der beim Umkippen des Gefäßes entstehende Stoß wird durch das am Gehänge befindliche Gewicht *G* aufgefangen bzw. gemildert, während das auf einer Gleitschiene befindliche Schiebegewicht *Q* zum genauen Einstellen des Gehänges in seine senkrechte Lage dient.

## f) Die Abstufung und Streuung.

Bei allen automatischen Wagen, bei welchen der letzte Zufluß einer jedesmaligen Gefäßfüllung durch Streuung erfolgt, ist eine gut wirkende Abstufung von großer Wichtigkeit. Unter dem Begriff Streuung ist diejenige Periode bei der Verwägung zu verstehen, welche eintritt, wenn der Hauptzufluß des zu verwiegenden Materials in das Gefäß abgesperrt ist und dasselbe nur noch in einem dünnen Strahl in das Gefäß läuft.

Um das Wesen der Abstufung zu verstehen, mag eine gewöhnliche Balkenwage als Beispiel angenommen werden, welche ohne Abstufung arbeitet. Angenommen, der gleicharmige Wagebalken einer solchen sei an einer Seite mit 50 kg belastet, an der anderen Seite hänge ein leeres Gefäß, welches allmählich mit einem beliebigen Material gefüllt wird. Der Wagebalken wird nicht früher in Bewegung kommen, d. h. sich an der Gefäßseite senken, bis das Gefäß mit Inhalt dem am andern Balkenende befindlichen Gewicht ungefähr gleich ist, und dann wird die Bewegung des Wagebalkens eine ruckartige sein.

Die Wirkung des Wagebalkens ist eine andere, wenn derselbe mit einer Abstufung arbeitet, welche, wie schon aus der Bezeichnung hervorgeht, ein stufenweises Aufwärtsgehen des Wagebalkens an der Gewichtschalenseite resp. Abwärtsgehen an der Gefäßseite bewirkt. Zum besseren Verständnis der Wirkungsweise einer Abstufung mag Fig. 29 dienen.

Auf der Wagerechten *a—b* sind die zur Gefäßfüllung erforderlichen 50 kg aufgetragen. Die Senkrechte *b—d* bezeichnet den vom Wagebalken von seiner tiefsten bis zu seiner Mittelstellung zurückzulegenden Weg, und endlich ist auf der Wagerechten *c—d* die gegen den Wagebalken nach aufwärts gerichtete Abstufungskraft, welche einer halben Gefäßfüllung, also 25 kg in diesem Falle, gleich ist. Der von der Abstufung gegen den Wagebalken bzw. die Gewichtschale ausgeübte Druck verringert sich mit dem Aufwärtsgehen desselben und ist zum Schluß gleich Null. In der Fig. 29 bezeichnet die schraffierte Fläche den sich allmählich verringernden Abstufungsdruck.

In Fig. 28 ist ein Wagebalken an der einen Seite mit einem leeren Behälter, an der anderen Seite mit einer Gewichtschale, auf welcher sich 50 kg befinden, belastet. Dieser nach unten gerichteten Kraft von 50 kg wirkt die beim Beginn der Verwägung 25 kg betragende Abstufungskraft entgegen. In der Fig. 28 ist die Abstufungskraft durch eine zusammengedrückte Feder dargestellt, welche mit 25 kg gegen die Gewichtschale aufwärts drückt. In Fig. 30 ist das Gefäß mit Inhalt dem am andern Balkenende befindlichen Gewicht gleich, der Wagebalken ist also in der Gleichgewichtslage. Die von der Abstufung ausgeübte Kraft ist jetzt gleich Null, da die die Abstufung darstellende Feder bis zu ihrer normalen Länge ausgestreckt ist. Aus dem eben Gesagten dürfte die Wirkungsweise der Abstufung ohne weiteres klar sein. Das leere Gefäß *E* wird langsam gefüllt. Sobald die Füllung im Gefäß etwa 25 kg beträgt, wird diese Gewichtsmenge im Verein mit der Abstufungskraft von 25 kg den

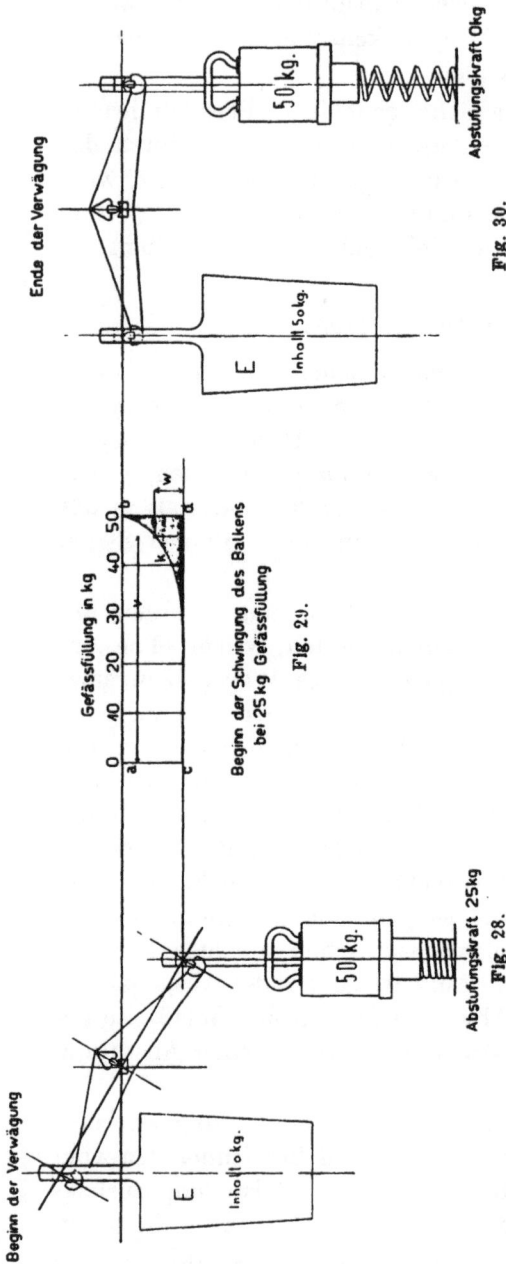

Fig. 30.

Fig. 29.

Fig. 28.

Balken an der Gewichtschalenseite nach aufwärts drücken. Durch das
zunehmende Gewicht im Gefäß im Verein mit dem allmählich kleiner
werdenden Druck der Abstufung wird der Wagebalken in Schwingung
bleiben, bis die Gefäßfüllung 50 kg beträgt. Da die Abstufungskraft in
diesem Momente gleich Null ist, und der Zufluß in das Gefäß abgesperrt ist, so befindet sich der Wagebalken jetzt in der Gleichgewichtslage. An der Kurve k, welche den Weg des Wagebalkens graphisch
darstellt, kann der zurückgelegte Balkenweg w bei einer beliebigen
Gefäßfüllung v ohne weiteres abgelesen werden.

Während bisher vom Wesen und der Wirkungsweise der Abstufung
die Rede war, soll nachstehend der Zweck derselben erläutert werden.
Wie schon erwähnt, ist die Abstufung bei denjenigen Wagen von Wichtigkeit, bei welchen der letzte Zufluß ins Gefäß einer jedesmaligen
Füllung durch Streuung erfolgt. Es soll sogar behauptet werden, daß
die Abstufung bei solchen Wagen unentbehrlich ist; daraus folgt,
daß Abstufung und Streuung im engen Zusammenhang stehen müssen.

In Verfolg der zu Fig. 29 gegebenen Erklärung ist nun nachzu-
tragen, daß in dem Moment, in welchem die Abstufungskraft gleich
Null ist, die Gefäßfüllung noch keineswegs vollendet ist, d. h. das
Gefäß enthält noch nicht 50 kg, sondern etwas weniger. In diesem
Moment wird erst der Hauptzufluß abgesperrt, und die weitere Füllung des Gefäßes erfolgt durch die Streulöcher, d. h. also in dünnen
Strahlen. Diese Periode einer Verwägung heißt Streuung. Der Wagebalken geht also über die Mittelstellung hinaus, bis der endgültige
Abschluß der Zuführung erfolgt, d. h. wenn die Gefäßfüllung gleich
50 kg ist, welches Gewicht dem auf der Gewichtschale befindlichen
entspricht. Von großer Wichtigkeit bei der Berechnung und Konstruktion automatischer Wagen sind nachstehende Daten:

Ist das auf der Gewichtschale befindliche Gewicht, welches zugleich einer Gefäßfüllung entspricht,

$$Q = 50 \text{ kg},$$

so ist der größte, beim Beginn jeder einzelnen Verwiegung, von der
Abstufung gegen die Gewichtschale nach aufwärts ausgeübte Druck:

$$\frac{Q}{2} = 25 \text{ kg};$$

die zur Streuung erforderliche Menge schwankt zwischen

$$\frac{Q}{25} - \frac{Q}{20} = 2 - 2,5 \text{ kg};$$

2*

der gesamte Weg des Wagebalkens ergibt sich aus der Formel

$$\sqrt[3]{Q} + 25 = \sim 29 \text{ mm}.$$

In Fig. 31 ist die Wirkungsweise der Abstufung und Streuung graphisch dargestellt. Auf der Wagerechten *a—b* sind die zur Gefäßfüllung erforderlichen 50 kg aufgetragen; von dem Punkte *b* ist eine Senkrechte *b—c* gezogen, welche gleich dem Weg des Wagebalkens = 29 mm sein muß. Auf der durch den Punkt *c* gehenden Wagerechten ist die größte Abstufungskraft von 25 kg aufgetragen. Auf derselben Linie ist ferner die zur Streuung erforderliche Menge, welche gleich 2,5 kg ist, durch die Strecke *f—c* bestimmt.

Die bei *f* errichtete Senkrechte schneidet die von *b* nach *d* gezogene Parabel bei *e*; das ist der Punkt, an welchem die Abstufung

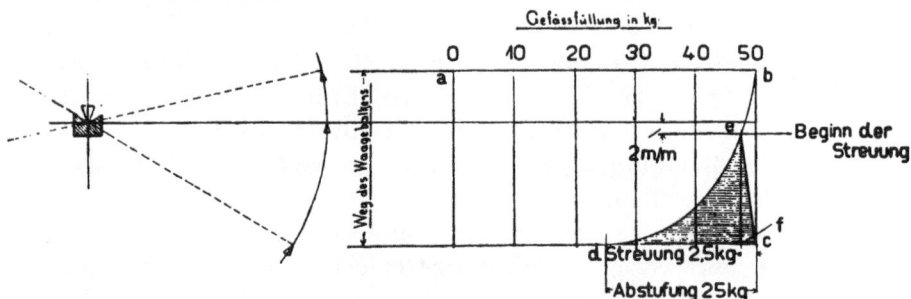

Fig. 31.

ausgewirkt hat, der Hauptzufluß abgesperrt wird und die Streuung beginnt. In Fig. 31 bezeichnet die zwischen den Punkten *c d e* liegende schraffierte Fläche den sich nach aufwärts verringernden Abstufungsdruck.

Die Erfahrung hat gelehrt, daß es von großem Vorteil ist, die Mittellage des Wagebalkens um 1—2 mm über den Schnittpunkt *e* zu verlegen, d. h. wenn sich der Wagebalken in der Mittelstellung befindet, so ist er an der Gewichtschalenseite schon 1—2 mm über die Auswirkung der Abstufung hinaus. Aus der graphischen Darstellung kann der vom Wagebalken von seiner tiefsten bis zur mittelsten und von dieser bis zur höchsten Stellung erforderliche Weg ohne weiteres abgemessen werden, wenn die in den Wagerechten bezeichneten Kräfte und der auf der Senkrechten bezeichnete Weg in denselben Verhältnisgrößen aufgetragen sind.

Aus diesen Ausführungen geht ohne Zweifel der enge Zusammenhang zwischen Abstufung und Streuung hervor, ebenso aber auch, daß bei automatischen Wagen ohne Abstufung eine brauchbare Streuung unmöglich ist.

In Fig. 32 u. 33 ist eine Abstufung, welche sich außerordentlich gut bewährt hat, in ihren Hauptstellungen veranschaulicht. Dieselbe besteht aus dem Gewicht $G$, welches an dem am Ständer befestigten Bolzen $b$ drehbar angeordnet ist. Die an dem Gewicht befindliche Rolle $R$ drückt auf einen Hebel $H$, welcher mittels Schneide auf dem gleichfalls am Ständer befestigten Pfannenbolzen $P$ aufliegt und dessen kurzer Arm gegen die Gewichtschale aufwärts drückt. Die Wirkungsweise dieser Abstufung ist folgende: Beim Beginn einer

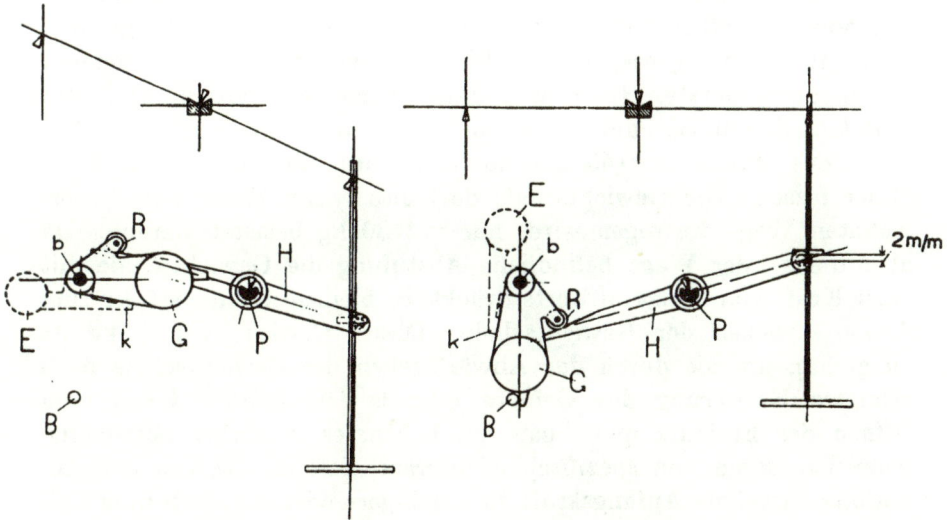

Fig. 32.                    Fig. 33.

jeden Verwägung drückt das Abstufungsgewicht $G$ mit seiner größten Kraft auf den längeren Arm des Hebels $H$, und demzufolge ist auch der Druck des kurzen Hebelarmes gegen die Gewichtschale in diesem Moment am größten, nämlich 25 kg in diesem Falle (siehe Fig. 32). Sobald die Füllung im Gefäß etwa 25 kg beträgt, drückt dasselbe im Verein mit dem Abstufungsgewicht die Gewichtschale nach aufwärts; das Abstufungsgewicht senkt sich allmählich, infolgedessen der Druck des Abstufungsgewichts $G$ auf den Hebel $H$ kleiner wird, bis der Druck desselben kurz vor der Mittellage des Balkens gleich Null ist. In diesem Moment hat die Abstufung ausgewirkt, und das Gewicht $G$ legt sich sanft gegen den am Ständer befestigten Anschlagbolzen $B$ (siehe Fig. 33). Nach erfolgter Auswirkung der Abstufung,

in welchem Moment auch die Absperrung des Hauptzuflusses erfolgt,
tritt die Streuung in Tätigkeit, bis der Inhalt des Gefäßes dem auf
der Gewichtschale befindlichen Gewicht gleich ist, worauf das Gefäß
entleert und darauf der Zufluß in dasselbe von neuem beginnt.

Bei der zu Fig. 32 u. 33 beschriebenen Abstufung kam eine Gefäßfüllung und demnach eine Belastung der Gewichtschale von 50 kg
in Frage, der größte von der Abstufung ausgeführte Druck beim Beginn der einzelnen Verwägungen war $\frac{Q}{2} = 25$ kg. Angenommen, das
Gefäß sei zur Aufnahme von 50 kg Weizen eingerichtet, so muß der
Kubikinhalt des Gefäßes, das spezifische Gewicht des Weizens zu 0,75
angenommen, $50 \times 0,75 = \sim 66$ cdm sein. Nun soll die Wage aber
nicht nur zum Verwiegen von Weizen gebraucht werden, sondern
es soll auch Gerste, Hafer usw. damit verwogen werden. Bei dem
Kubikinhalt von 66 cdm würde das Gefäß, wenn das spezifische Gewicht des Hafers zu 0,45 angenommen wird, $66 \times 0,45 = \sim 30$ kg
Hafer fassen. Die Gewichtschale darf also, wenn Hafer mit der erwähnten Wage verwogen wird, nur mit 30 kg belastet werden. Da
aber die an der Wage befindliche Abstufung die Gewichtschale mit
einer Kraft von 25 kg aufwärts drückt, so bleiben nur noch 5 kg zum
Abwärtsdrücken der Gewichtschale. Dieses Gewicht von 5 kg ist
zu gering, um die durch das Abwärtsgehen der Gewichtschale nach
erfolgter Entleerung des Gefäßes oftmals erforderliche Kraft zum
Öffnen der Einlaufklappen usw. zu heben, es ist daher notwendig,
beim Verwiegen von spezifisch leichterem Material die von der Abstufung ausgeübte Anfangskraft zu verringern oder die Abstufung teilweise zu entlasten. Es muß also eine Vorrichtung angebracht werden,
welche bewirkt, daß der größte von der Abstufung ausgeübte Druck von
25 kg auf 15 kg herabgesetzt werden kann, so daß die Gewichtschale
bei 30 kg Belastung nur 15 kg der Abstufung züberwinden hat.

Eine derartige Vorrichtung ist in den Fig. 32 u. 33 punktiert eingezeichnet. Auf dem Bolzen $b$, um welchen das Abstufungsgewicht $G$
schwingt, wird ein kleineres Gewicht $E$ angebracht, dessen Arm $K$
gegen das Abstufungsgewicht drückt und dadurch den Druck desselben auf den Hebel $H$ verringert. Die Wirkung der Abstufung ist
dieselbe wie bereits beschrieben, nur daß der Anfangsdruck auf den
Hebel $H$ und demnach auch gegen die Gewichtschale aufwärts der
Schwere des Gewichts $E$ entsprechend geringer ist.

Eine von der in Fig. 32 u. 33 dargestellten Abstufung gänzlich
abweichende Form zeigt die Abstufung Fig. 34 u. 35. Dieselbe be-

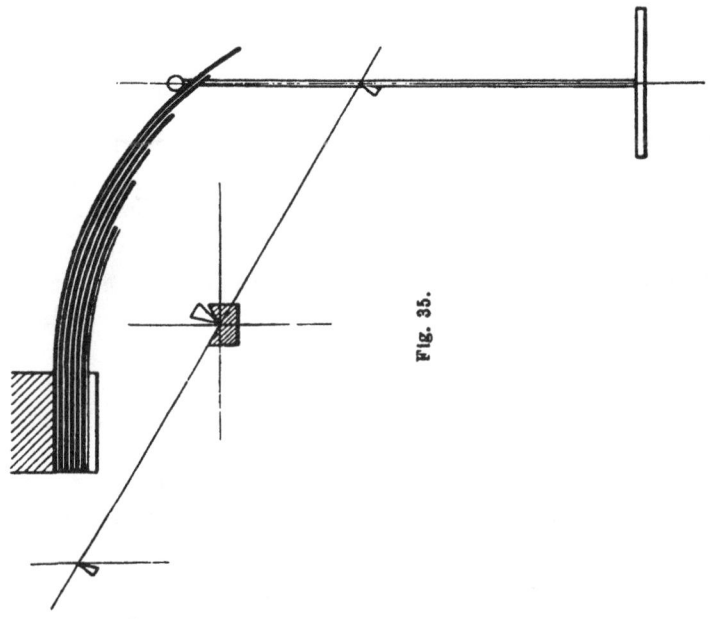

Fig. 35.

2mm

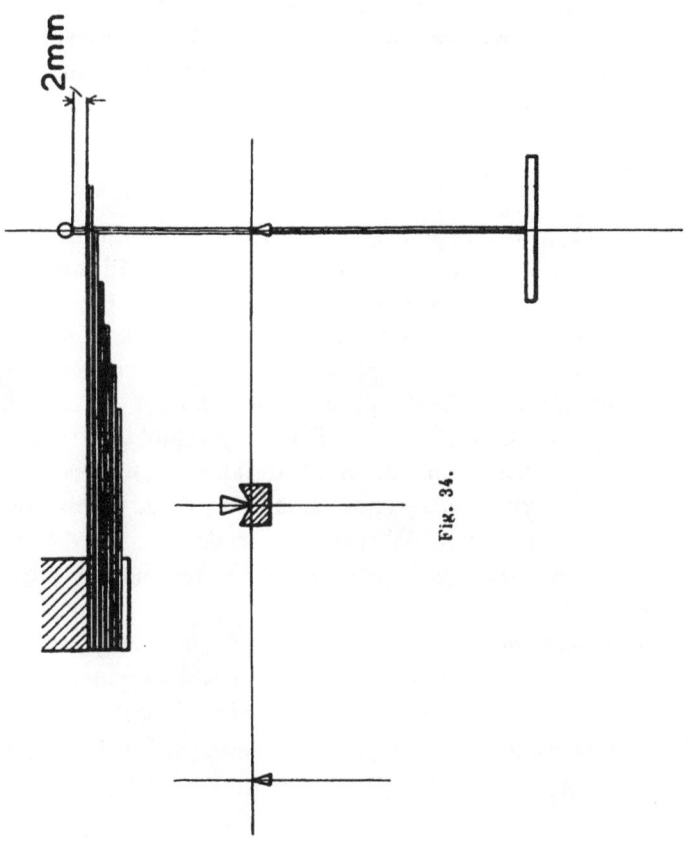

Fig. 34.

steht aus einer Anzahl Blattfedern, welche derartig angeordnet sind,
daß bei der tiefsten Lage der Gewichtschale der größte Druck gegen
dieselbe nach aufwärts ausgeübt wird, welcher sich mit dem Aufwärtsgehen der Gewichtschale verringert, bis derselbe in der Normal-
stellung der Feder gleich Null ist. Genau wie bei der in Fig. 32 u. 33
abgebildeten Abstufung hat der Wagebalken in dem Moment des
Auswirkens der Abstufung seine Mittelstellung noch nicht erreicht,
sondern ist noch ca. 2 mm davon entfernt, d. h. in der Mittelstellung
des Balkens beträgt der Zwischenraum zwischen der Feder und dem
Angriffspunkt an der Gewichtschale ca. 2 mm (Fig. 34).

Diese Art der Abstufung eignet sich nur für kleinere Wagen,
bei welchen die Gefäßfüllung immer dieselbe bleibt oder sich nur
unbedeutend verändert; z. B. bei Wagen, deren Gefäß für 10 kg Füllung eingerichtet ist, wird die Abstufung noch gut arbeiten, wenn die
Gefäßfüllung nur noch 8 kg beträgt, welcher Fall vorkommt, wenn
Material von spezifisch leichterem Gewicht zur Verwiegung kommen
soll. Eine Entlastungsvorrichtung zur Erzielung eines geringeren An-
fangsdruckes beim Verwiegen spezifisch leichteren Materials ist bei
dieser Abstufung auf einfache Art nicht anzubringen, aus welchem
Grunde die Abstufung Fig. 32 u. 33 vorzuziehen ist.

### g) Die Reguliervorrichtung.

Es ist bei der automatischen Verwiegung von Materialien aller
Art nicht zu erreichen, daß die jedesmalige Gefäßfüllung mit dem
auf der Gewichtschale befindlichen Gewicht genau übereinstimmt.
Differenzen im Gewicht des zu verwiegenden Materials können auf
mancherlei Art entstehen, z. B. wenn der Zufluß des Materials in
die Wage unregelmäßig erfolgt, d. h. wenn derselbe manchmal in
voller Stärke, manchmal in geringerer Stärke geschieht; ferner können
Gewichtsdifferenzen entstehen, wenn Materialien von verschiedenem
spezifischen Gewicht zur Verwiegung gelangen, d. h. wenn die Wage
zeitweise zum Verwiegen von Weizen und zeitweise zum Verwiegen
von Hafer oder einem sonstigen Material von größerem oder geringerem
spezifischen Gewicht dient.

Um diese Differenzen im Gewicht nach Möglichkeit verringern zu
können, befindet sich an solchen Wagen, bei welchen der letzte Zufluß in das Gefäß durch Streuung erfolgt, eine Reguliervorrichtung.

Die Reguliervorrichtung wirkt in der Weise, daß sofort, nachdem
die Abstufung ausgewirkt hat, eine bis zum Ende der jedesmaligen

Verwägung gleichbleibende Kraft gegen die Gewichtschale aufwärts oder gegen das Gefäßgehänge abwärts wirkt. Die Größe dieser Kraft ist gleich dem Gewicht des zu verwiegenden Materials, welches sich während der Streuperiode zwischen dem Klappenblech und dem Gefäß befindet. Die Größe dieses Quantums ist von der Entfernung des Bleches der geschlossenen inneren Klappe vom Gefäß abhängig. Im allgemeinen kann diese Kraft, wenn $Q$ die Gefäßfüllung bedeutet, mit $Q/100$ bis $Q/200$ in Rechnung gezogen werden.

Eine äußerst genau wirkende Reguliervorrichtung zeigt Fig. 36. Es bezeichnet $E$ den Einlauf während der Streuperiode, $G$ das beinahe gefüllte Gefäß, $A$ den Wagebalken und $F$ die Gewichtschale. Der als Reguliervorrichtung dienende Hebel $H$ ist derartig konstruiert, daß er, wenn die Gefäßfüllung 50 kg beträgt, mit einer mittleren Kraft von $Q/150 = 0,330$ kg gegen die Gewichtschale aufwärts drückt. Um diese Kraft je nach Bedarf auf $Q/100 = 0,5$ kg vergrößern oder auf $Q/200 = 0,25$ kg verkleinern zu können, befindet sich an dem Hebel der Hohlraum $J$, welcher mit einem entsprechenden Quantum Blei ausgegossen und alsdann verschlossen wird.

Das eigentliche Regulieren der Gefäßfüllungen erfolgt durch das Schiebegewicht $g$, welches sich auf einer an dem Hebel $H$ befindlichen Schiene hin und her schieben läßt und je nach seiner Lage den Druck des Regulierhebels $H$ gegen die Gewichtschale $F$ um 15% vergrößern oder verringern kann. Befindet sich z. B. das Schiebegewicht $g$ in seiner äußersten rechten Lage, so verringert sich der von dem Regulierhebel gegen die Gewichtschale ausgeübte mittlere Druck von 330 g um $\sim$50 g = 15%; die Gewichtschale geht infolgedessen langsamer nach aufwärts, wodurch wiederum ein späteres Schließen der äußeren Klappe erfolgt. Durch das spätere Schließen der Klappe dauert naturgemäß der Zufluß in das Gefäß länger an, wodurch die Füllung im Gefäß schwerer wird. Der entgegengesetzte Fall tritt ein, wenn sich das Schiebegewicht in seiner äußersten linken Lage befindet; dann wird der gegen die Gewichtschale ausgeübte Druck um 15% = $\sim$50 g vergrößert, die Gewichtschale geht infolgedessen schneller nach aufwärts und bewirkt dadurch einen früheren Abschluß des Zuflusses; die Folge davon ist ein geringerer Zufluß ins Gefäß und demgemäß eine leichtere Gefäßfüllung. Um es noch einmal kurz zu fassen: Stellt es sich beim Kontrollieren der Gefäßfüllungen heraus, daß dieselben zu schwer sind, so wird das Schiebegewicht nach links geschoben, sind die Füllungen zu leicht, so wird es nach rechts geschoben. Die hier erwähnten 15%, um welche der

Druck des Regulierhebels gegen die Gewichtschale vergrößert oder
verringert werden kann, sind nur für die Konstruktion der Wage

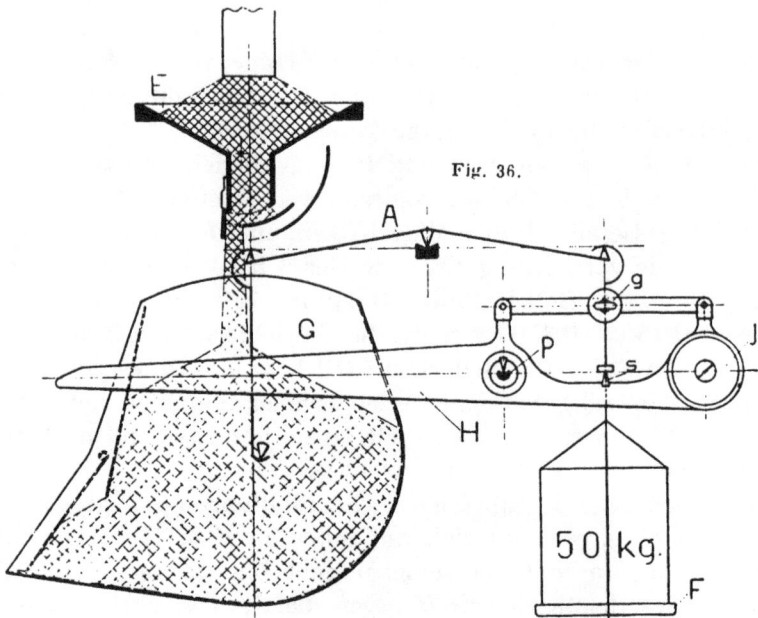

Fig. 36.

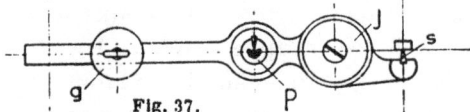

Fig. 37.

Fig. 38.

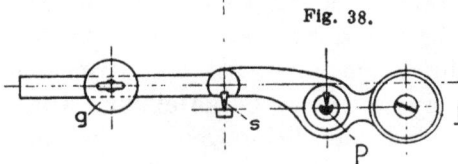

maßgebend; bei der Abnahme der Wage durch die Eichbehörde wird
die Lauffläche des Schiebegewichts durch Einschrauben von Stiften

in die Gleitschiene erheblich verringert, so daß die gesamte durch das Schiebegewicht hervorgebrachte Differenz nicht mehr 30% beträgt, sondern bedeutend weniger.

Einen Regulierhebel in vereinfachter Form zeigt Fig. 37. Es ist ebenfalls ein zweiarmiger Hebel, dessen Drehpunkt bei $P$ liegt, dessen Schneide $s$ unterhalb der Gewichtschale angreift und einen Druck gegen dieselbe nach aufwärts ausübt. Durch Versetzen des Schiebegewichts $g$ nach rechts oder links wird der Druck des Regulierhebels gegen die Gewichtschale vergrößert oder verringert. Durch entsprechende Füllung mit Blei in den Hohlraum $J$ wird der Regulierhebel auf den mittleren Druck gegen die Gewichtschale eingerichtet.

Fig. 38 zeigt einen Regulierhebel, welcher im Gegensatz zu den beiden vorbeschriebenen nicht gegen die Gewichtschale aufwärts, sondern gegen das Gefäßgehänge abwärts drückt. Der Drehpunkt des Hebels liegt bei $P$, die Schneide $s$ liegt auf dem Gehänge auf und drückt dasselbe nach abwärts. Durch das Schiebegewicht $g$ werden die Gefäßfüllungen reguliert; $J$ ist der im Bedarfsfalle mit Blei auszufüllende Hohlraum.

Die Aufführung der Konstruktionselemente soll hiermit abgeschlossen werden. Die Kenntnis des bisher Gesagten dürfte wesentlich zum besseren Verständnis der hierauf folgenden Beschreibungen kompletter Wagen beitragen. Betreffs der vorstehend von jedem Element aufgeführten Beispiele mag noch bemerkt werden, daß nur die hauptsächlichsten der überhaupt existierenden Elemente erwähnt wurden; es muß im übrigen dem Konstrukteur überlassen werden, etwas Zweckmäßiges, den Eigenschaften des zu verwiegenden Materials sich Anpassendes zu finden.

Schließlich soll nicht unerwähnt bleiben, daß sowohl die bereits beschriebenen Elemente als auch die nachfolgend beschriebenen Wagen keine Probleme sind, sondern ausnahmslos Konstruktionen, welche sich in langjährigem Gebrauch aufs beste bewährt haben.

# I. Abschnitt.

# Automatische Wagen der Gruppe A.

## I. Die automatische Getreidewage.
### (Fig. 39—46.)

Wie schon am Anfang dieses Buches erwähnt, werden die automatischen Wagen in zwei Hauptgruppen eingeteilt, nämlich in Gruppe A, zu welcher sämtliche eichfähige Wagen gehören, und in Gruppe B, zu welcher die nicht eichfähigen Wagen gerechnet werden, also solche, die ausschließlich nur als Kontrollwagen Verwendung finden können.

Als erste gelangt in diesem Abschnitt eine automatische Getreidewage zur Beschreibung, welche, wie schon der Name sagt, zur automatischen Verwiegung und Registrierung von Getreide aller Art dient, als Roggen, Weizen, Gerste, Hafer, Malz usw., ferner eignet sich diese Wage gut für Reis, Leinsaat, Ölsaat, Malzkaffee, Sonnenblumensamen, Sandzucker, Palmkerne u. a. m.

Die Anwendung der automatischen Getreidewage ist demnach eine sehr vielfache; in den Fig. 39 u. 40 sind einige Anwendungen derselben in deutlicher Weise veranschaulicht.

Fig. 39 zeigt den Gebrauch automatischer Getreidewagen in einem Bodenspeicher. Das per Schiff ankommende Getreide wird mittels des Schiffsbecherwerks gehoben und den beiden automatischen Wagen A und B zugeführt. Nach erfolgter Verwiegung und Registrierung gelangt das Getreide zu dem Becherwerk des Speichers. Hier wird dasselbe gehoben und durch ein oder mehrere im Dach-

geschoß liegende Transportbänder auf die ganze Länge verteilt. Ein
fahrbarer Abwurfwagen wird vor das Rohrsystem gefahren, durch
welches das Getreide zur Verteilung kommen soll; das Bild zeigt
deutlich, wie dasselbe auf dem einen oder dem andern Boden sich
ausbreitet, je nachdem die Schieber gezogen sind. Soll das Getreide
zur Verladung kommen, so treten die unteren Bänder in Wirksamkeit,

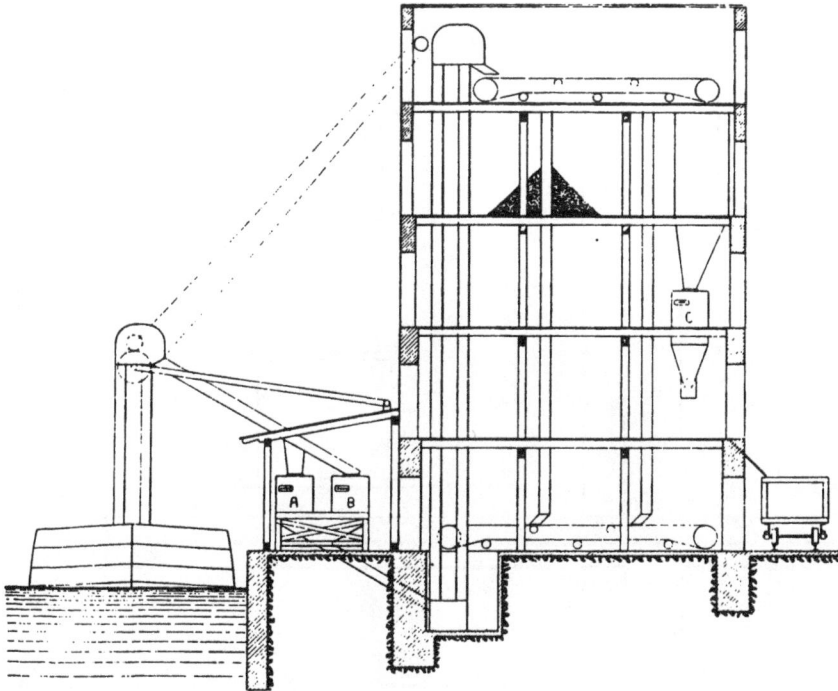

Fig. 39.

die dasselbe einem zweiten Becherwerk zuführen, durch dessen Vermittlung das Getreide dem Verladebchälter zugeführt wird. Unter
demselben steht wiederum eine automatische Wage $C$, mittels welcher
das zum Versand kommende Getreide verwogen und registriert wird.
Unterhalb der Wage ist eine Verladung mittels Rutschbrett in den
Eisenbahnwagen vorgesehen.

Fig. 40 veranschaulicht den Gebrauch der automatischen Getreidewage in einer Brauerei, wo dieselbe zum Verwiegen und Registrieren des zur Verarbeitung kommenden Malzes und zugleich zur
steueramtlichen Kontrolle für die Erhebung der Braumalzsteuer dient.
Das zu verarbeitende Malz wird durch den Einwurf $E$ zum Elevator

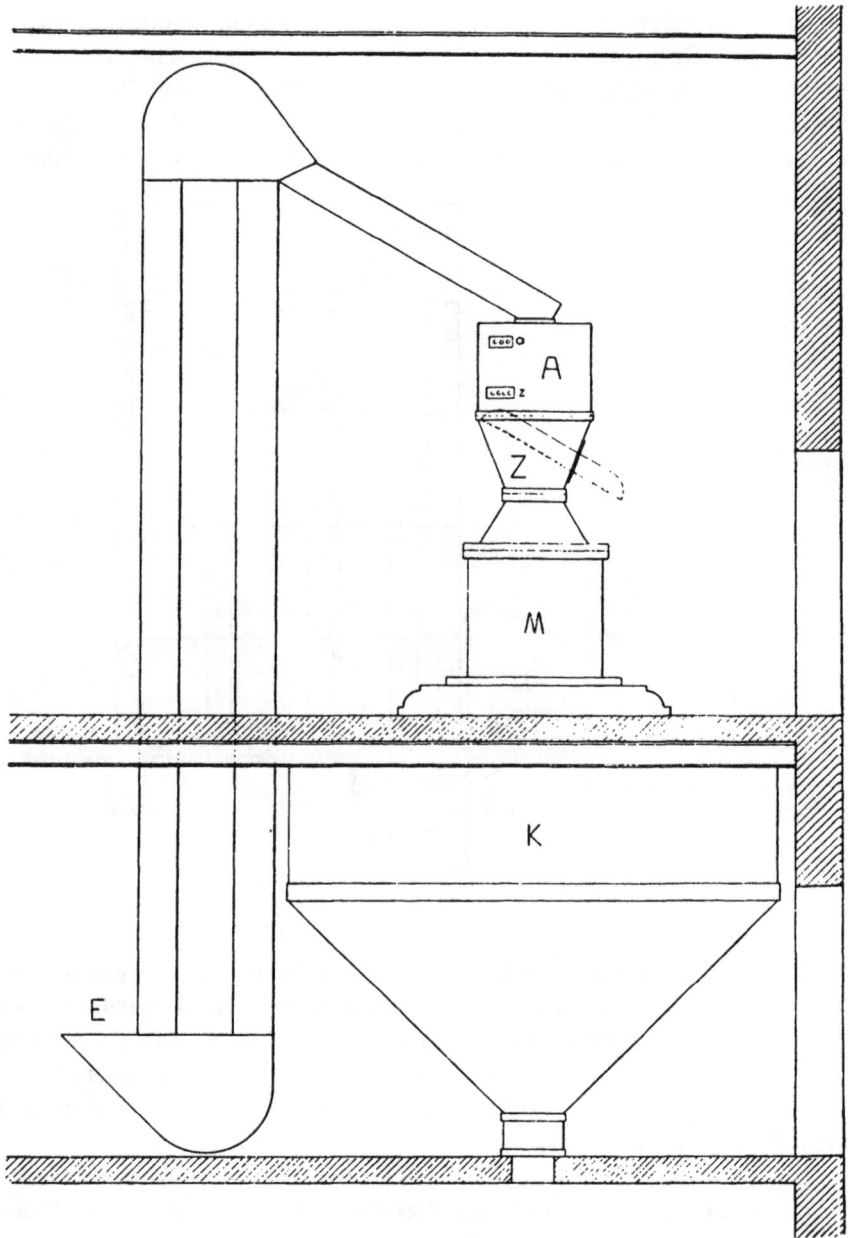

Fig. 40.

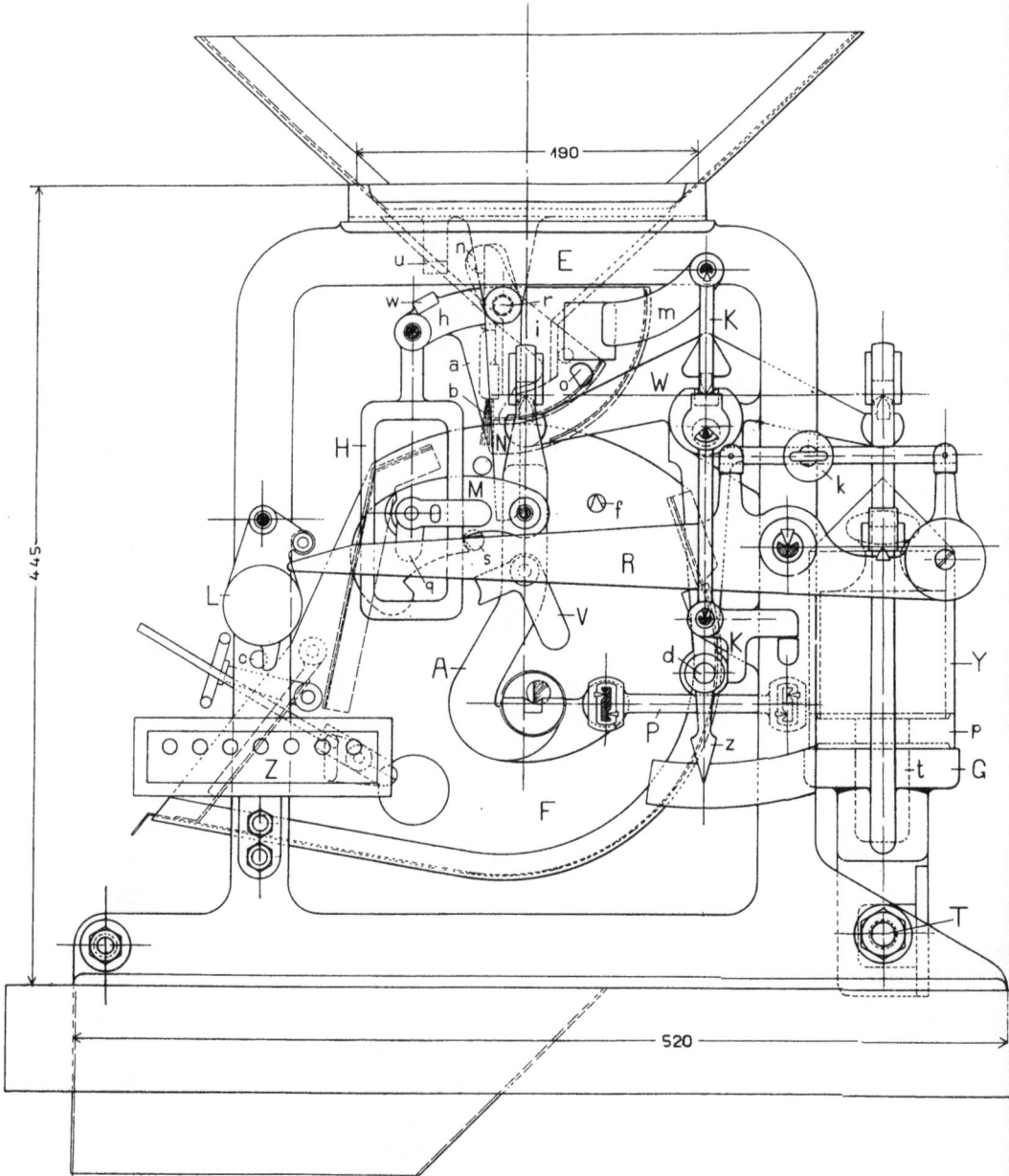

Fig. 41.

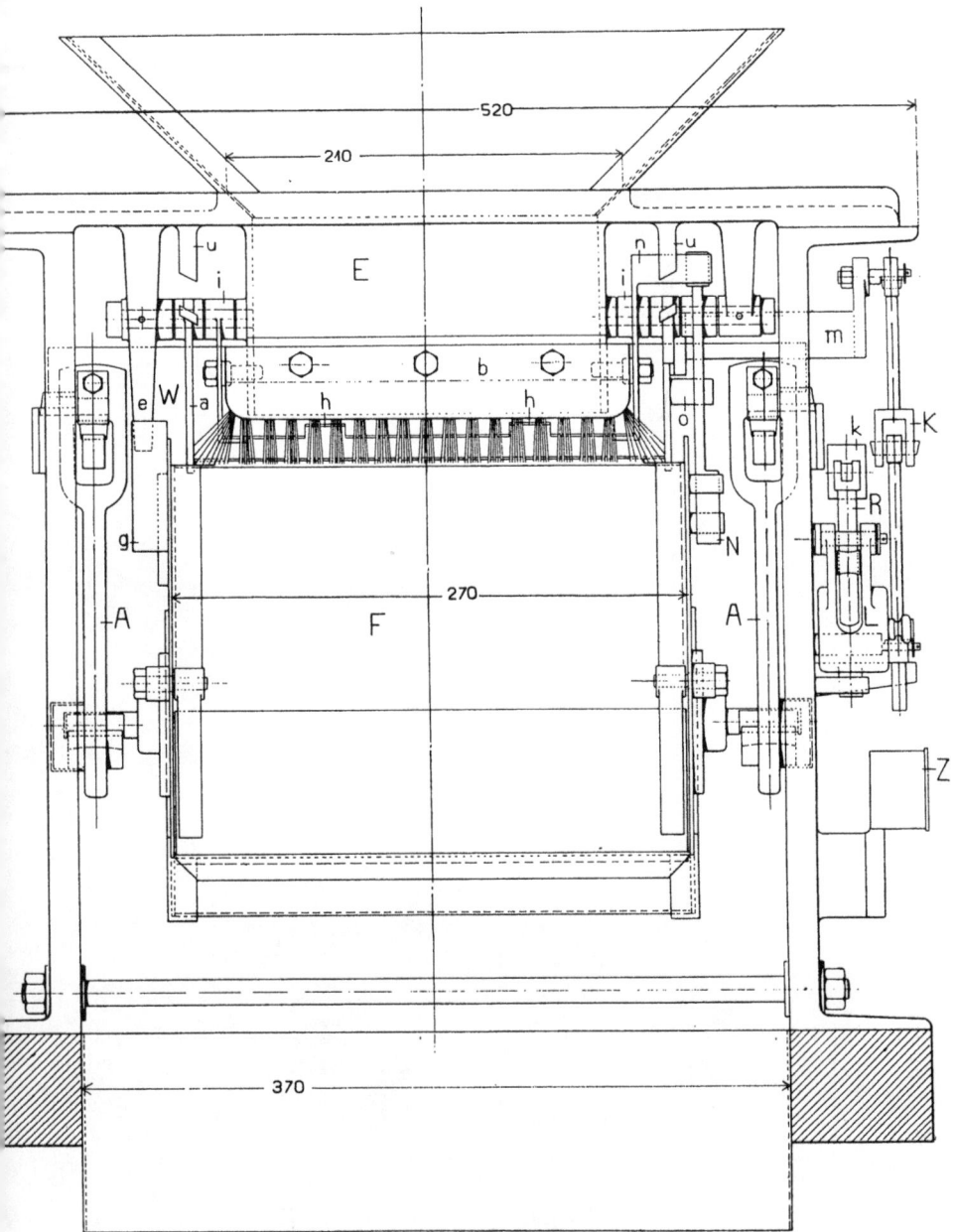

Fig. 42.

Druck und Verlag von R. Oldenbourg, München und Berlin.

gebracht und von diesem in die automatische Wage $A$ geleitet. Dieselbe ist oberhalb der Schrotmühle angeordnet, so daß das verwogene Malz direkt in dieselbe fällt und verschrotet wird. Das Schrotmalz fällt in den Schrot- oder Malzkasten $K$ und von dort in den Vormaischapparat usw. In dem zwischen der automatischen Wage und der Schrotmühle $M$ befindlichen Zwischenstück $Z$ befindet sich eine verschließbare Öffnung, durch welche beim Kontrollieren der Wage die einzelnen Gefäßfüllungen mittels einer Schurre aufgefangen werden können. An dem an der Wage befindlichen Zählwerk $z$ kann das verwogene Quantum jederzeit festgestellt werden; ferner befindet sich an der Wage eine Abstellvorrichtung $a$, welche bewirkt, daß die Wage nach Durchlaß eines bestimmten Quantums selbsttätig still steht.

### Beschreibung der Getreidewage.

Die nachstehend beschriebene, in Fig. 41 u. 42 dargestellte Wage ist für eine Gefäßfüllung von 5 kg Roggen oder Weizen eingerichtet; dieselbe verwiegt und registriert stündlich 1500 kg, macht demnach 300 Entleerungen oder Ausschüttungen pro Stunde oder 5 pro Minute; d. h. das Gefäß der Wage wird in der Minute 5 mal mit dem zu verwiegenden Getreide gefüllt und schüttet es ebenso oft wieder aus.

Von den Hauptteilen der Wage sind der trichterförmige Einlauf $E$, der gleicharmige Wagebalken $W$, das Gefäß $F$ und die Gewichtschale $G$ besonders hervorzuheben. Der Wagebalken $W$ liegt in seinen Mittelschneiden, auf Stahlpfannen gelagert, auf den Ständern auf. Die Ständer sind unten durch zwei Traversen und oben durch die aufgeschraubte Trichterplatte starr verbunden. Der Wagebalken trägt an der rechten Seite die zur Aufnahme der Gewichtstücke dienende Gewichtschale $G$, die unterhalb derselben liegende Traverse $T$ dient zugleich als Stützpunkt für die Gewichtschale, wenn die Wage außer Betrieb ist. An der linken Seite des Wagebalkens befindet sich das Gefäßgehänge, an dessen unterem Teile das Gefäß mittels Schneide und Pfanne aufliegt. An dem Gehänge $A$ ist der Gefäßhaken $M$ lose drehbar angeordnet, dieser greift in die am Gefäß befestigte Schneide $s$ und verhütet dadurch das vorzeitige Umkippen des Gefäßes. Der über dem Gefäß angeordnete Einlauf $E$ kann durch die beiden an demselben lose drehbar angeordneten Klappen $a$ und $i$ dermaßen verschlossen werden, daß der Zufluß des zu verwiegenden Getreides in das Gefäß vollständig abgesperrt ist. Durch die im Blech der inneren Klappe $i$ befindlichen Streulöcher $h$ läuft das Getreide bei geschlossener innerer Klappe noch in dünnen Strahlen in das Gefäß, dieselben dienen also zur Streuung.

Der an der äußeren Klappe $a$ befindliche Arm $m$ ist mit dem Kniegelenk $K$ mittels Schneide und Pfanne verbunden; im ausgestreckten Zustande verhindert das Kniegelenk das vorzeitige Zufallen der Klappe und damit den Abschluß der Materialzuführung in das Gefäß, anderseits wird durch diese Anordnung der Abschluß bewirkt, indem bei genügender Gefäßfüllung der am Zeiger $z$ befindliche Stift $d$ gegen den unteren Teil des Kniegelenks drückt und dasselbe dadurch zum Umknicken bringt, infolgedessen sich auch die mit demselben verbundene Klappe $a$ schließt. An dem außerdem noch an der äußeren Klappe befindlichen Arm $h$ ist die Hängegabel $H$ lose drehbar befestigt; dieselbe hebt beim Zufallen der äußeren Klappe den Gefäßhaken $M$ an, dadurch wird die am Gefäß befestigte Schneide $s$ frei. und das Gefäß kommt zum Umkippen und Entleeren. Durch das Umkippen des Gefäßes wird eine Drehung des am Zähler $Z$ befindlichen Armes verursacht; der Zähler markiert dadurch die jedesmaligen Ausschüttungen des Gefäßes. Nach beendeter Entleerung geht das Gefäß selbsttätig in seine alte Lage zurück und verursacht durch die am Gefäß befindliche Schneide $f$, welche eine Drehung des Klappenhebels $N$ bewirkt, das Öffnen der beiden Einlaufklappen $i$ und $a$. Die Abstufung erfolgt durch das am Ständer lose drehbar befestigte Abstufungsgewicht $L$, welches während der Dauer der Abstufung auf den gleichfalls am Ständer mittels Schneide und Pfanne gelagerten Hebel $R$ drückt, dessen kurzer Arm gegen die Gewichtschale aufwärts drückt.

Zur Regulierung der Wage dient der Regulierhebel $R$, es ist derselbe Hebel, auf welchen das Abstufungsgewicht drückt; die Tätigkeit des Hebels als Reguliervorrichtung beginnt erst, nachdem die Abstufung ausgewirkt hat und das Abstufungsgewicht demnach außer Berührung mit dem Regulierhebel ist. Durch Versetzen des am Regulierhebel befindlichen Schiebegewichts $k$ nach links oder rechts kann die Füllung im Gefäß vergrößert oder verkleinert werden. Zum Schluß soll die Parallelführung $P$ nicht unerwähnt bleiben; dieselbe ruht an jeder Seite in Stahlbolzen, welche den Schneiden der Parallelführung entsprechend geformt sind und an einer Seite am Ständer, an der andern Seite am Gefäßgehänge befestigt sind.

Die in Fig. 41 abgebildete Wage zeigt dieselbe in der Stellung während der Streuperiode; in dieser Stellung ist die innere Klappe geschlossen, die Abstufung hat bereits ausgewirkt und der Regulierhebel ist in Tätigkeit.

# Tauchnitz, Automatische Registrierwagen.

# Tafel II.

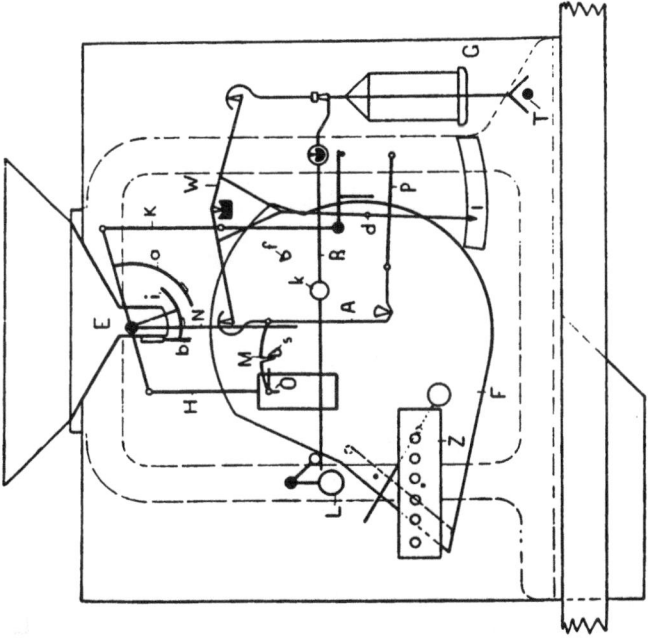

Fig. 43.

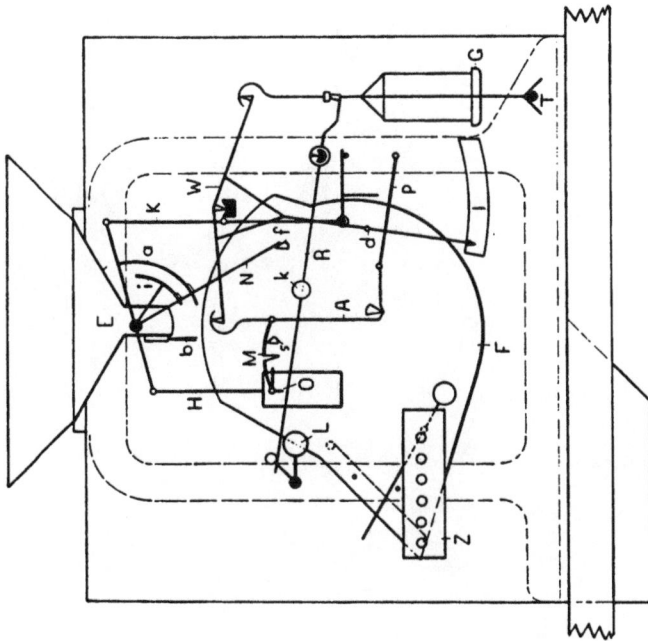

Fig. 44.

## Die Arbeitsweise der Getreidewage.

### Fig. 43 bis 46.

Das zu verwiegende Getreide wird dem Einlauf $E$ der Wage vermittelst Elevator, Transportband, Schnecke od. dgl. zugeführt. In den Fig. 43—45 sind die Hauptstellungen der Wage, welche dieselbe in den verschiedenen Perioden der Verwägung einnimmt, schematisch dargestellt. Fig. 43 zeigt die Stellung, welche die Wage beim Beginn jeder einzelnen Verwägung einnimmt, d. i. die Anfangsstellung. In dieser Stellung sind die beiden Einlaufklappen $i$ und $a$ geöffnet, so daß das zu verwiegende Material in voller Stärke durch den Einlauf in das Gefäß $F$ fließen kann. Die innere Klappe $i$ wird durch den Klappenhebel $N$, welcher von der am Gefäß befindlichen Schneide $f$ gestützt wird, offen gehalten, die äußere Klappe $a$ wird durch das Kniegelenk $K$ gestützt. Die Gewichtschale, auf welcher sich die Gewichtstücke befinden, liegt auf der Traverse $T$ auf; das Gefäß lehnt sich mit seinem Anschlag $g$ gegen den an der Trichterplatte befindlichen Anschlag $e$, ferner übt das Abstufungsgewicht $L$ in dieser Lage der Wage seinen größten Druck mittels des Hebels $R$ gegen die Gewichtschale aufwärts aus.

Infolge des im Gefäß sich mittlerweile ansammelnden Materials verlegt sich der Schwerpunkt des Gefäßes nach links, der Gefäßanschlag $g$ entfernt sich von seinem Stützpunkt, und die am Gefäß befindliche Schneide $s$ fällt gegen den Gefäßhaken $M$, welcher auf diese Weise das Gefäß vor dem vorzeitigen Umkippen bewahrt. Sobald im Gefäß etwa eine halbe Füllung enthalten ist, drückt dasselbe im Verein mit dem von der Abstufung $L$ ausgeübten Druck den Wagebalken an der Gefäßseite abwärts; der Wagebalken beginnt also zu schwingen. Durch das Abwärtsgehen des Gefäßes entfernt sich die an demselben befindliche Schneide $f$ von dem Klappenhebel $N$, welcher der inneren Klappe $i$ als Stützpunkt dient; der Klappenhebel fällt schließlich zurück und verursacht dadurch das Schließen der inneren Klappe $i$, wodurch der Hauptzufluß in das Gefäß abgesperrt ist. Diese Stellung der Wage zeigt Fig. 44. Die Abstufung hat ausgewirkt, und der Regulierhebel $R$ beginnt seine Tätigkeit, indem er mit gleichbleibender Kraft gegen die Gewichtschale aufwärts drückt. Durch die in der geschlossenen inneren Klappe befindlichen Streulöcher läuft das Material nur noch in dünnen Strahlen in das Gefäß; die Streuperiode hat begonnen. Das Gefäß senkt sich langsam weiter und der am Zeiger

des Wagebalkens befindliche Stift *d* nähert sich dem unteren Teile
des Kniegelenks *K* und bringt schließlich dasselbe zum Umknicken,
infolgedessen sich die mit dem Kniegelenk verbundene äußere Klappe *a*
schließt und den Zufluß des Getreides in das Gefäß gänzlich absperrt.
Durch das Zuschlagen der äußeren Klappe erfolgt das Aufwärtsgehen
des Armes *h* und der daran befindlichen Hängegabel *H*, letztere hebt
den Gefäßhaken *M* an, die Schneide *s* wird frei, und das Gefäß kann
umkippen und entleeren.  In der umgekippten Stellung liegt der
Gefäßanschlag *g* gegen den an der Trichterplatte befindlichen *e*. Fig. 45
veranschaulicht die Stellung der Wage beim Entleeren.  Nach erfolgter
Entleerung geht das Gefäß selbsttätig, infolge eines in seinem Innern
angebrachten Gewichts, in seine Anfangsstellung zurück, verursacht
beim Zurückgehen eine Drehung des Klappenhebels *N* mittels der
Schneide *f*, infolgedessen sich beide Einlaufklappen öffnen und das
Spiel der Wage von neuem beginnt.

### Das Kontrollieren der Gefäßfüllungen.

Um sich von dem richtigen Funktionieren der Wage überzeugen
zu können, befindet sich an der Wage eine Vorrichtung, welche ein
Kontrollieren der Wage in Bezug auf genaues Verwiegen gestattet.
Man kann die Wage sowohl bei entleertem Gefäß als auch mit gefülltem Gefäß kontrollieren.  Soll festgestellt werden, ob die einzelnen
Füllungen im Gefäß dem auf der Gewichtschale befindlichen Gewicht
gleich sind, so muß die Wage zunächst bei entleertem Gefäß daraufhin
geprüft werden, ob der Wagebalken richtig einspielt.  Zu diesem Zweck
müssen die Gewichte von der Gewichtschale heruntergenommen werden, die Kapsel *Y*, welche die Beschwerung der Gewichtschale durch
danebenfallendes Getreide verhindern soll, muß wieder auf die Gewichtschale gestellt werden, darauf wird das Gefäß ein wenig nach
unten gedrückt, bis sich die Einlaufklappen geschlossen haben.  Alsdann drückt man den am Gehänge *A* befindlichen Tarierhebel *V*
gegen die am Gefäß befestigte Schneide *s*, welche dadurch zwischen
Gefäßhaken *M* und Tarierhebel *V* festgeklemmt wird und eine Berührung der beiden Anschläge *g* und *e* verhindert.  Darauf wird der
am Gefäßhaken *M* befindliche Griff *O* herumgedreht, so daß die an
demselben befindliche Nase *q* nach oben zeigt; zum Schluß wird das
Abstufungsgewicht *L* so weit wie möglich angehoben, weil sich dadurch der Regulierhebel *R* von der Gewichtschale entfernt.  Jetzt
kann der Wagebalken, nur mit Gewichtschale und Gefäß belastet,

frei schwingen, ohne mit irgendwelchen Teilen an der Wage in Berührung zu kommen. Die Wage in dieser Stellung zeigt Fig. 46. Zeigt der am Wagebalken befindliche Zeiger $z$ in der Ruhelage des Balkens auf den senkrechten Strich der Skala, so ist die Wage bei leerem Gefäß in Ordnung; giebt der Zeiger einen Ausschlag nach links, so ist die Gewichtschale zu schwer, beim Ausschlag des Zeigers nach rechts ist dieselbe zu leicht. Durch Einlegen oder Herausnehmen von kleinen Metallstücken in die Öffnung $t$ der Gewichtschale läßt sich die Wage genau austarieren. Wenn die Wage bei leerem Gefäß in Ordnung ist, so muß dieselbe erst wieder in ihren normalen Zustand gebracht werden. Zu diesem Zweck wird zuerst der am Gehänge befindliche Griff oder Tarierhebel $V$ von der Schneide $s$ entfernt, alsdann wird der Gefäßhaken $M$ angehoben und das Gefäß mit der Hand zum Umkippen gebracht. Beim Zurückschlagen desselben öffnen sich die beiden Einlaufklappen $i$ und $a$, und nun läßt man die Wage einige Entleerungen machen, nachdem man selbstverständlich vorher erst die Gewichte auf die Gewichtschale gesetzt hat.

Um eine Gefäßfüllung zu kontrollieren, drehe man zunächst den am Gefäßhaken $M$ befindlichen Griff $O$ beim Beginn einer neuen Verwägung herum. Sobald beide Einlaufklappen geschlossen sind, hebe man wieder das Abstufungsgewicht $L$ an, damit der Regulierhebel $R$ außer Berührung mit der Gewichtschale kommt. An dem Ausschlag des Zeigers $z$ von dem Strich der Skala läßt sich ersehen, ob die Gefäßfüllung genau, zu leicht oder zu schwer ist. Ist die Füllung zu leicht, so muß das Schiebegewicht $k$ des Regulierhebels $R$ nach rechts verschoben werden, sind die Füllungen zu schwer, so muß dasselbe nach links verschoben werden.

Nach beendeter Kontrolle läßt man durch Anheben des Gefäßhakens $M$ das Gefäß entleeren, welches beim Zurückschlagen beide Einlaufklappen öffnet. Alsdann wird der am Gefäßhaken befindliche Griff $O$ wieder herumgedreht, so daß die an demselben befindliche Nase $q$ nach unten zeigt, worauf die Wage wieder betriebsfähig ist.

Die Beschreibung der Getreidewage ist hiermit abgeschlossen. Hervorzuheben ist noch, daß die Wage an keiner Stelle geschmiert werden darf; um äußere Einflüsse, wie Staub, Wind od. dgl. von der Wage fernzuhalten, wird dieselbe mit einem leicht abnehmbaren Mantel aus Eisenblech oder Holz mit Segeltuch umgeben.

Die von der Wage gegebene Beschreibung gilt nur für die Fälle, in welchen es sich nur um Verwiegen und Registrieren der in Frage kommenden Materialien handelt. In den Fig. 76—86 werden einige

Beispiele von den verschiedenen Mechanismen gegeben werden, welche aus mannigfaltigen Gründen noch an der Wage angebracht werden. Erwähnt sei vor allen Dingen die Abstellvorrichtung, durch deren Anbringung an der Wage es ermöglicht wird, daß dieselbe nach Verwiegung eines bestimmten Quantums selbsttätig still steht, ferner bei großen Wagen eine Vorrichtung zum Auswägen von Resten, eine Vorrichtung am Einlauftrichter zur Erzielung gleichmäßig bedeckter Streulöcher selbst bei ganz schwachem Getreidezufluß, wodurch eine äußerst genaue Verwiegung erzielt wird u. a. m.

Nachstehend folgt eine kurze Beschreibung der wichtigsten Konstruktionselemente der Getreidewage.

### a) Der Einlaufmechanismus.

Der Einlauf hat im Querschnitt die Form eines Trichters, welcher unten prismenförmig ausläuft. Die Größe der Durchgangsöffnung an der engsten Stelle des Trichters hat sich durch die Praxis ergeben; nachstehende Tabelle gibt die Größen der Einlauföffnungen an für Getreidewagen bis zu einer stündlichen Verwiegungsfähigkeit von 150 000 kg Roggen oder Weizen.

| Jedesmal. Gefäßfüllung kg | Stdl. Leistung kg | Durchgangs-Querschnitt qcm |
|---|---|---|
| 5 | 1 500 | 48 |
| 10 | 2 500 | 72 |
| 20 | 4 500 | 120 |
| 50 | 10 000 | 185 |
| 100 | 18 000 | 325 |
| 150 | 24 000 | 380 |
| 200 | 30 000 | 425 |
| 300 | 40 000 | 730 |
| 400 | 52 000 | 800 |
| 500 | 65 000 | 860 |
| 600 | 78 000 | 900 |
| 700 | 84 000 | 1 020 |
| 900 | 108 000 | 1 150 |
| 1 000 | 120 000 | 1 300 |
| 1 200 | 132 000 | 1 650 |
| 1 400 | 150 000 | 1 950 |

Aus den Fig. 41 u. 42 ist die Konstruktion des Einlaufmechanismus klar ersichtlich. Mittels der zu beiden Seiten des Einlauftrichters gelagerten Klappen, von denen jede aus zwei Klappenschildern, welche durch das aufgenietete Klappenblech verbunden sind, besteht, wird der Zufluß des in die Wage fließenden Materials abgesperrt. Die innere Klappe $i$ schlägt beim Zufallen mit den beiden im Innern der Klappenschilder befestigten Stiften gegen die Trichterwand; die Bürste $b$ wird von dem Klappenblech nicht berührt. Die äußere Klappe $a$ schlägt beim Zufallen mit den an jedem Klappenschild angegossenen Stutzen $w$ gegen die an der Trichterplatte befindlichen $u$.

Das Blech der äußeren Klappe geht in der geschlossenen Lage derselben über den Bürstenrand hinaus. Das Öffnen beider Einlaufklappen erfolgt mittels des Klappenhebels $N$, welcher mit den Klappenschildern zusammen auf einer der Klappenachsen lose gelagert ist. Der herabhängende Teil des Klappenhebels wird beim Zurückschlagen des Gefäßes nach erfolgter Entleerung desselben mittels einer am Gefäß befindlichen Schneide angehoben, dabei greift der Klappenhebel die innere Klappe bei $o$ und die äußere bei $n$, wodurch beide Klappen geöffnet werden. Durch das Öffnen der äußeren Klappe streckt sich das damit verbundene Kniegelenk; die Klappe wird solange von demselben in der offenen Lage gehalten, bis der am Zeiger des Wagebalkens befindliche Stift $d$ gegen das Kniegelenk schlägt und dasselbe zum Umknicken bringt. Die innere Klappe wird durch den Klappenhebel in der offenen Stellung gehalten, bis sich derselbe bei genügender Gefäßfüllung durch das Abwärtsgehen des Gefäßes von der Gefäßschneide löst, wobei auch die innere Klappe infolge ihrer eigenen Schwere zuschlägt.

Die Größe der im inneren Klappenblech befindlichen Streulöcher wird von der Eichbehörde festgelegt; an dieser Wage befinden sich deren zwei von $28 \times 20$ mm.

Der Drehpunkt $r$ der Einlaufklappen ist nach links versetzt, um den Druck des im Trichter liegenden Materials auf das Blech der geschlossenen inneren Klappe möglichst zu vermindern und dadurch ein leichteres Öffnen der Klappe zu erreichen.

### b) Der Wagebalken.

Derselbe hat die Form des in den Fig. 14 u. 15 abgebildeten Wagebalkens. An dem am vorderen Teil aufgeschraubten Zeiger befindet sich der Stift, welcher zum Auslösen des Kniegelenks dient. Die Armlänge ergibt sich aus der Größe des Gefäßes und der Breite der Gewichtschale. Zwischen beiden Teilen muß reichlich Platz sein, um eine Berührung zu vermeiden. Der Schwerpunkt des Balkens liegt wenige Zentimeter unterhalb der Mittelschneiden, dadurch wird ein gutes Schwingen desselben erreicht. Die Schneiden liegen in eingefrästen Nuten und sind mittels Zapfen vor seitlicher Verschiebung geschützt. Um das Liegenbleiben von Getreidekörnern auf den Wagebalkenarmen möglichst zu vermeiden, haben die Arme oben eine Abschrägung erfahren.

### c) Das Gefäß.

Der Kubikinhalt desselben muß ungefähr $\frac{1}{4}$ bis $\frac{1}{3}$ größer sein wie der Kubikinhalt des Getreidequantums einer jedesmaligen Gefäßfüllung. Das Gefäß muß also bei einer Füllung von 5 kg Roggen oder Weizen reichlich 6,5 kg fassen können. Im übrigen ist die Konstruktion des Gefäßes nebst Gehänge dieselbe wie in Fig. 18. Das im Innern des Gefäßes befindliche Gewicht bewirkt das selbsttätige Zurückschlagen des Gefäßes nach erfolgter Entleerung. Die beiden Schneiden, mittels welcher das Gefäß auf den Pfannen des Gehänges aufliegt, sind an den Seitenwänden des Gefäßes in gußeisernen Naben solide befestigt. Während der Füllung soll der Gefäßboden einen Winkel von ca. 5° mit der Horizontalen bilden, in der umgekippten Stellung einen solchen von 35°, so daß derselbe beim Umkippen des Gefäßes einen Winkel von 40° beschreibt. An der vorderen Gefäßwand befindet sich außer den beiden Schneiden für den Gefäßhaken und den Klappenhebel noch ein Stift, welcher als Anschlag für den Klappenhebel beim Zurückfallen desselben dient. An der hinteren Wand befinden sich die Gefäßanschläge g.

### d) Die Gewichtschale.

Die Form der Gewichtschale ist im großen und ganzen dieselbe wie in Fig. 21 u. 22. Oberhalb der beiden Arme sind die Stahlpfannen lose gelagert, in denen die Gewichtschale in den Schneiden des Wagebalkens aufliegt. Bei dieser Gewichtschale ist die Grundplatte mit den Armen aus einem Stück gegossen; bei größeren werden die Arme aufgeschraubt. Die auf der Grundplatte aufliegende Platte p, auf welcher die Gewichte stehen, soll das Gewicht der Gewichtschale mit demjenigen des Gehänges ungefähr ausgleichen, denn an beiden Wagebalkenarmen soll die gleiche Last hängen. Auf der Oberfläche der Platte muß genügend Raum für die erforderlichen Gewichtstücke sein; die an dem Rand der Platte befindliche Erhöhung verhindert das Herunterfallen der Gewichtstücke. Die auf der Gewichtschale befindliche Blechkapsel Y mit schrägem Dach soll das Beschweren der Gewichtschale durch etwa darauffallende Getreidekörner verhindern. Durch Einlegen von kleinen Gewichtstücken in die in der Grundplatte befindliche Öffnung t läßt sich das Gleichgewicht der Gewichtschale mit Platte p und Kapsel Y einerseits und Gefäßgehänge nebst Gefäß anderseits herstellen. Mittels des unterhalb der Öffnung befindlichen Stutzens ruht die Gewichtschale auf der Traverse T auf. Die Konstruktion des Gefäßgehänges mit Gefäßhaken M und Tarierhebel V ist aus der Zusammenstellungszeichnung in Fig. 41 u. 42 klar zu ersehen. Beide Teile, M und V, befinden sich nur am vorderen Gehänge.

Die Parallelführung P verhindert die Schwankungen, denen das Gefäßgehänge beim jedesmaligen Umkippen und Zurückschlagen des Gefäßes ausgesetzt wäre.

### e) Die Abstufung.

Die Abstufung oder das stufenweise Schwingen des Wagebalkens während der Dauer einer Gefäßfüllung wird durch das Abstufungsgewicht L bewirkt, welches mittels des Hebels R gegen die Gewichtschale aufwärts drückt. In der Anfangsstellung der Wage (Fig. 43) übt das Gewicht den größten Druck auf den Hebel R und demgemäß auch gegen die Gewichtschale G aufwärts aus; letzterer ist, wie in der Einleitung schon erwähnt, der halben Gefäßfüllung = 2,5 kg gleich. Die Schwere des Abstufungsgewichtes L richtet sich nach dem Übersetzungsverhältnis der beiden Arme des Hebels R und läßt sich daraus leicht berechnen. Wenn die Abstufung außer Tätigkeit ist, drückt der am Gewicht befindliche Stutzen sanft gegen den am Ständer befestigten Anschlag c. Beim Anheben des Gewichts, also beim Kontrollieren der Wage, bedient man sich des an demselben befindlichen Knopfes, jedoch kann das Gewicht auch durch eine am Ständer befestigte Stütze gehalten werden, wie Fig. 46 zeigt.

### f) Die Regulierung.

Die Regulierung der Gefäßfüllungen erfolgt durch den Regulierhebel R. Nach Auswirkung der Abstufung, also beim Beginn der Streuperiode, drückt der Hebel R noch weiter gegen die Gewichtschale aufwärts, und zwar mit gleichbleibender Kraft und bis zum Schlusse der jedesmaligen Verwägung. Wie in der Einleitung erwähnt, ist diese Kraft gleich dem Gewicht des Materials, welches sich während der Streuperiode zwischen dem Klappenblech und dem Rande des bereits im Gefäß befindlichen Materials befindet. Im allgemeinen kann diese Kraft mit $Q/100$—$Q/200$ in Rechnung gezogen werden, wenn $Q$ die jedesmalige Gefäßfüllung ist. Durch Ausfüllen des am Regulierhebel befindlichen Hohlraumes mit Blei wird der Regulierhebel auf seinen richtigen Druck eingestellt. Dieser gegen die Gewichtschale ausgeübte Druck kann durch Versetzen des Schiebegewichts $k$ vergrößert oder verkleinert werden; z. B. wenn das Schiebegewicht nach links verschoben wird, so vergrößert sich der gegen die Gewichtschale ausgeübte Druck, dieselbe geht infolgedessen schneller aufwärts und verursacht dadurch ein vorzeitiges Schließen der Klappe und damit die Absperrung des Materialzuflusses in das Gefäß. Die Gefäßfüllung wird also kleiner. Der entgegengesetzte Fall tritt ein, wenn das Gewicht $k$ nach rechts verschoben wird. In diesem Falle wird der Druck gegen die Gewichtschale geringer, dieselbe geht langsamer nach aufwärts und verursacht dadurch ein späteres Schließen der Klappe, infolgedessen mehr Material in das Gefäß fließt. Daraus folgt: Stellt sich beim Kontrollieren der Gefäßfüllungen heraus, daß dieselben zu leicht sind, so muß das Gewicht $k$ nach rechts verschoben werden; sind die Füllungen zu schwer, so verschiebt man das Gewicht nach links.

Das Kontrollieren muß jedesmal geschehen, wenn neues Material zur Verwiegung gelangt.

## II. Automatische Wage für Zuckerrüben etc.
### Hierzu Fig. 47—54.

Die in den Fig. 47—49 in drei Ansichten dargestellte automatische Wage wird zum Verwiegen von Zuckerrüben, Kartoffeln, Kokosnüssen usw. gebraucht. In fast allen Zuckerfabriken werden die Rüben, bevor dieselben in die Schnitzelmaschine fallen, durch eine derartige automatische Wage geleitet und dadurch das verarbeitete Rübenquantum festgestellt; desgleichen findet diese Wage Anwendung in Spritfabriken; hier werden die zur Verarbeitung gelangenden Kar-

# Tauchnitz, Automatische Registrierwagen.

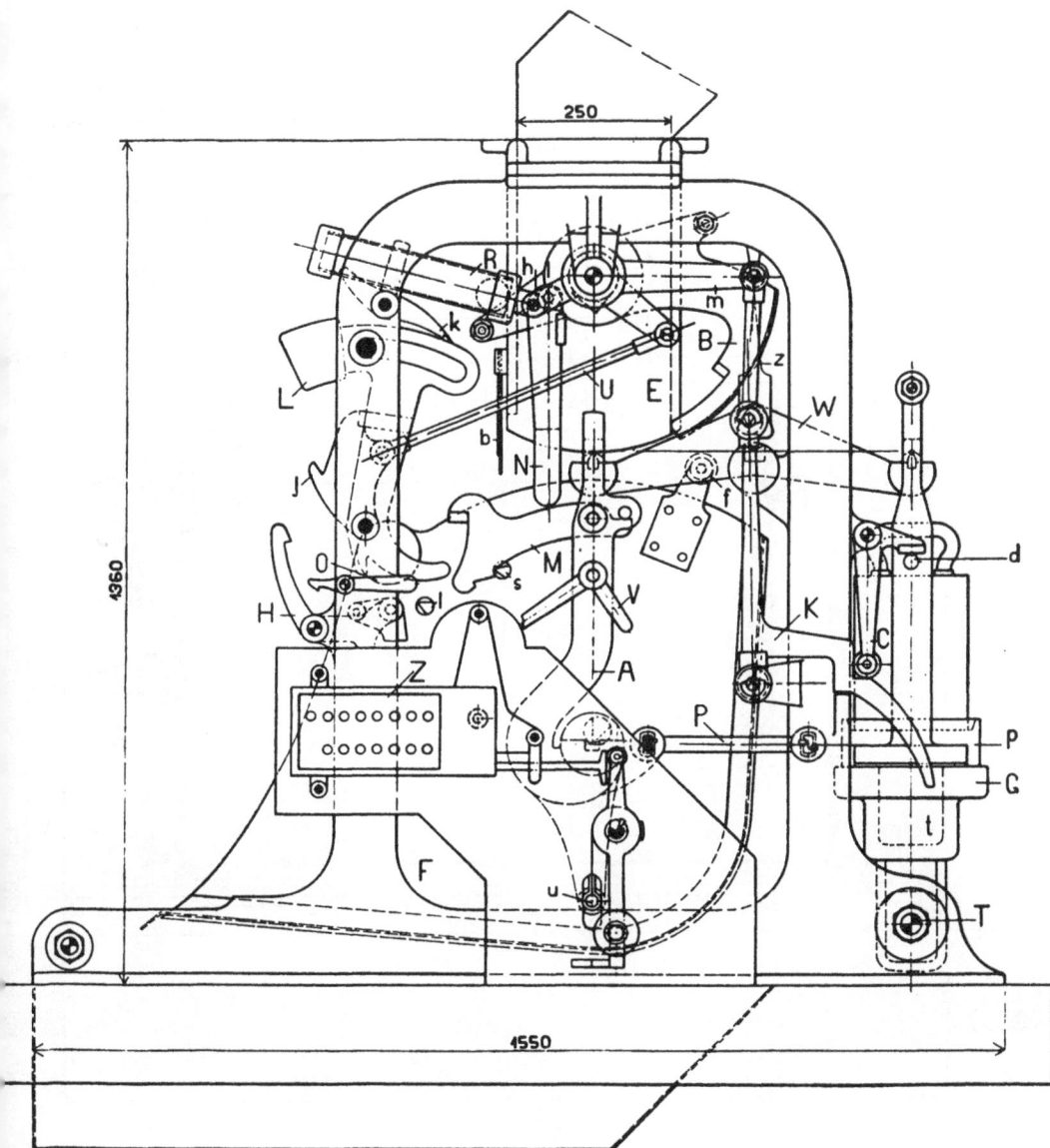

Fig. 47

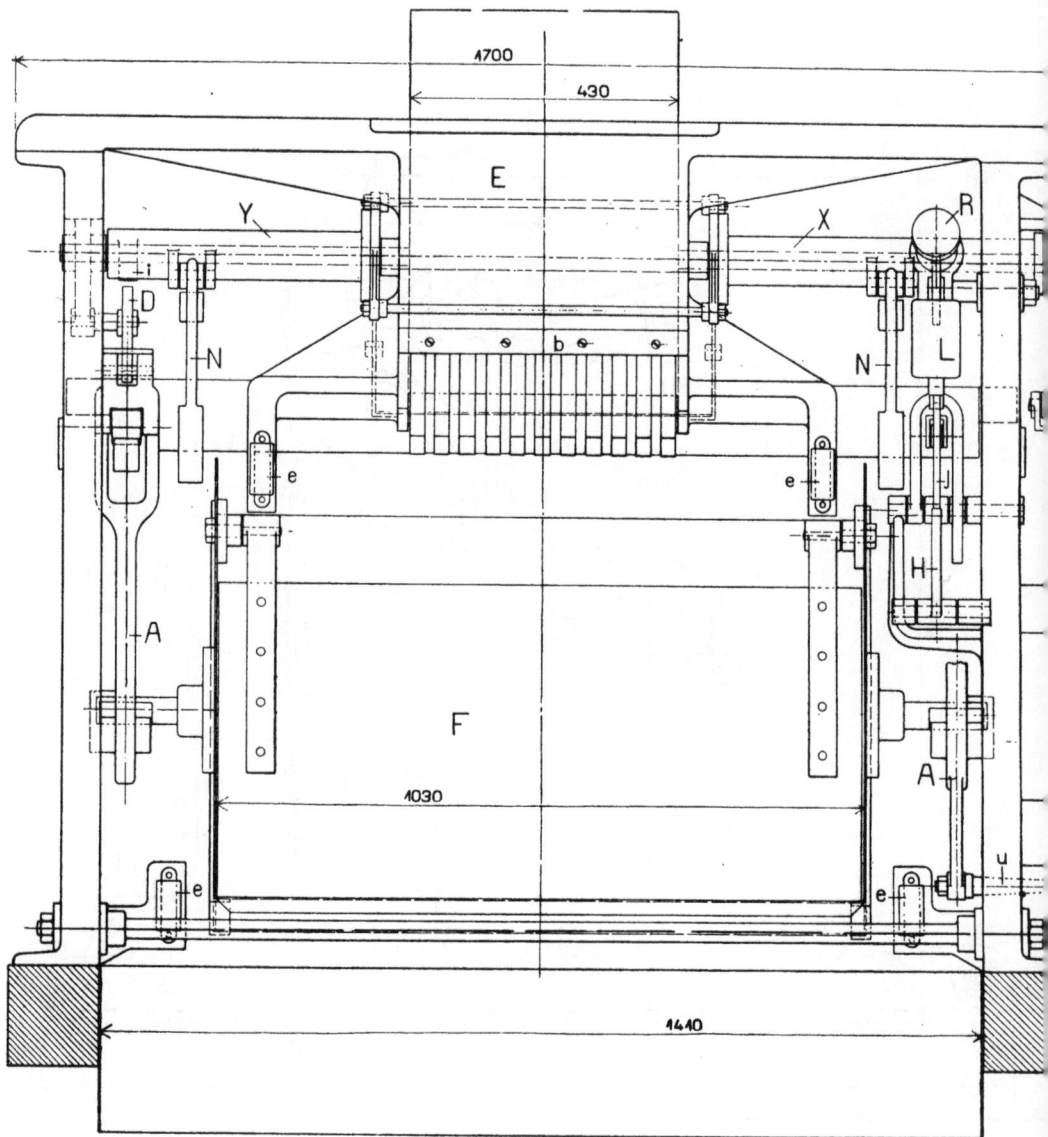

Fig. 48.

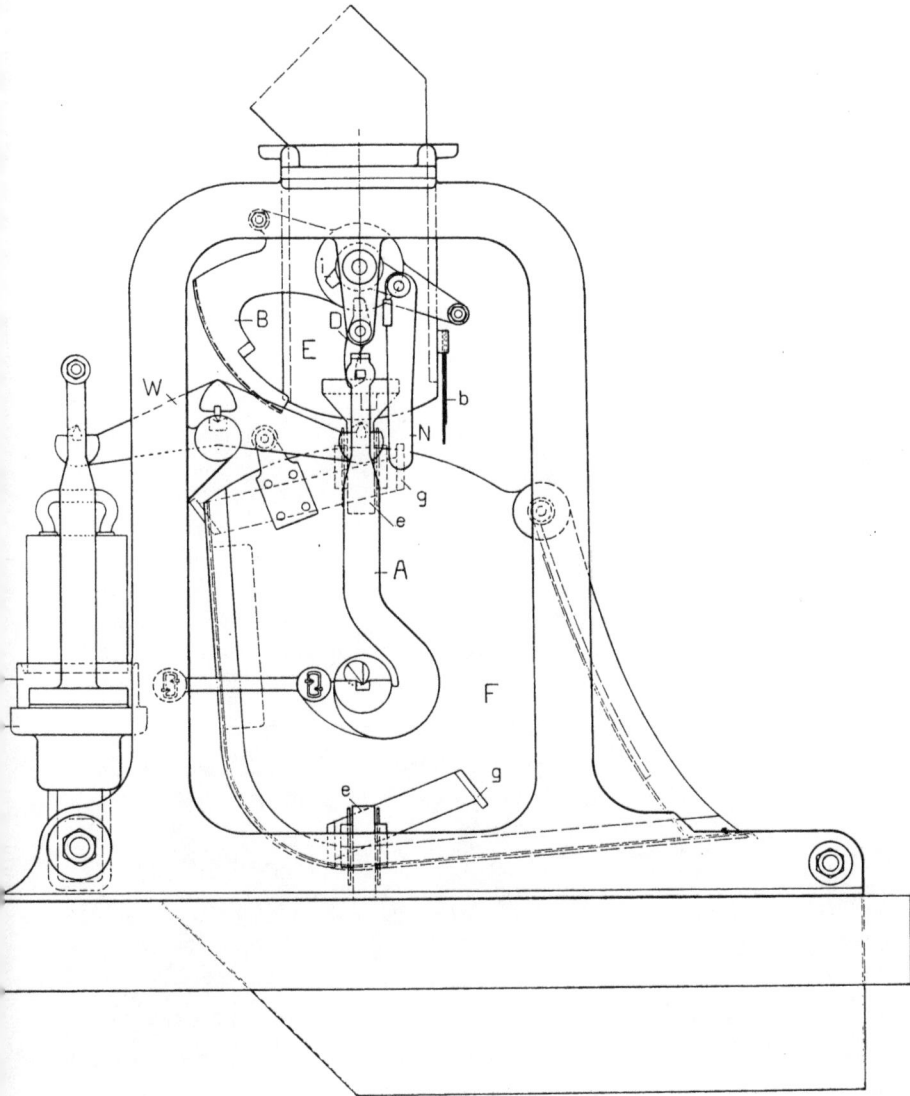

Fig. 49.

Druck und Verlag von R. Oldenbourg, München und Berlin.

toffeln automatisch verwogen, bevor dieselben in den Henzedämpfer geleitet werden.

Die Hauptpunkte, in denen sich die Rübenwage von der bereits beschriebenen Getreidewage unterscheidet, sind folgende:

Bei der Getreidewage wird der Hauptzufluß des Getreides durch Schließen der inneren Klappe abgesperrt, worauf das Material nur noch durch die im inneren Klappenblech befindlichen Streulöcher in das Gefäß läuft, bis das genaue Gewicht darin enthalten ist; bei der Rübenwage dagegen läuft das zu verwiegende Material durch den während der Dauer der Füllung vollständig geöffneten Einlauf in das Gefäß, bis das Gewicht der darin befindlichen Rüben den auf der Gewichtschale stehenden Gewichtstücken annähernd entspricht, worauf sich die Klappe am Einlauf schließt und den Zufluß gänzlich absperrt. Da das Gewicht einer einzelnen Rübe schon mehrere Kilogramm betragen kann, so ist es also unmöglich, daß eine Gefäßfüllung genau so schwer ist wie die auf der Gewichtschale stehenden Gewichtsteine; es wird im Gefäß ein Übergewicht an Rüben vorhanden sein, welches bis zu 25 kg betragen kann, d. h. es können bis 25 kg mehr Rüben beim Schluß der Füllung im Gefäß enthalten sein, als sich Gewichtsteine auf der Gewichtschale befinden. Das jedesmalige Übergewicht wird an einem besonderen Zählwerk angezeigt und registriert. Außerdem befindet sich an der Wage auch noch das Zählwerk, welches bei jeder Gefäßentleerung dasjenige Gewicht anzeigt und registriert, welches den auf der Gewichtschale befindlichen Gewichtstücken gleich ist. Es ist also bei der Feststellung des verwogenen Quantums notwendig, beide Zahlenreihen zu addieren. Der Zähler sowie der Mechanismus des Übergewichtszählers sind durch einen verschließbaren Eisenmantel gegen unbefugte Eingriffe geschützt.

Eine an der Wage befindliche Vorrichtung gestattet das Kontrollieren derselben sowohl bei leerem als auch bei gefülltem Gefäß. Da jedoch eine Gefäßfüllung jedesmal schwerer ist als die Belastung der Gewichtschale, so muß beim Kontrollieren einer Füllung die Gewichtschale entsprechend mehr belastet und in der Gleichgewichtslage des Balkens das Gesamtgewicht mit den Angaben der Zähler verglichen werden.

Eine Regulierung der Gefäßfüllungen wie bei der Getreidewage ist daher nicht möglich, und deswegen befindet sich an der Rübenwage keine Reguliervorrichtung; da ferner ein stufenweises Schwingen des Wagebalkens unnötig ist, weil die Wage ohne Streuung arbeitet und auch nur eine Klappe zu schließen ist, so kommt auch die Abstufung in Fortfall. Der durch die ins Gefäß fallenden Rüben im Gefäßgehänge auftretende Stoß wird durch einen sog. Stoßfänger aufgefangen.

Ein sehr wichtiger Teil an der Wage ist die Vorrichtung, welche das Umkippen des Gefäßes nach dem Schließen der Klappe verzögert, da der Mechanismus des Übergewichtszählers erst nach dem Schließen der Klappe arbeitet und eine gewisse Zeit dazu braucht, erst dann kommt das Gefäß zum Umkippen und Entleeren.

Die nachstehend beschriebene Wage ist für eine jedesmalige Gefäßfüllung von 200 kg Rüben bestimmt; dieselbe verwiegt stündlich 24 000 kg, macht demnach pro Stunde 120 Entleerungen oder zwei pro Minute.

## Beschreibung der Rübenwage.
### Fig. 47, 48, 49.

Von den an der Rübenwage befindlichen Hauptteilen sind in erster Linie der prismatische Einlauf $E$, der gleicharmige Wagebalken $W$, das Gefäß $F$, die Gewichtschale $G$ und das Übergewichtszählwerk besonders hervorzuheben.

Der zur Zuführung des zu verwiegenden Materials in das Gefäß dienende Einlauf befindet sich inmitten der beiden Ständer und ist an denselben mittels Schrauben befestigt. Die beiden Ständer sind außerdem unten durch zwei Traversen verbunden und bilden das feste Gestell der Wage. Sowohl am Einlauf wie auch unten an den beiden Ständern sind Stutzen für die Gefäßanschläge angegossen, dieselben sind an den Berührungsstellen zwecks Milderung der entstehenden Stöße mit Gummiplatten belegt. Der Zufluß der Rüben in das Gefäß kann durch die Klappe $B$ abgesperrt werden; dieselbe ist am Einlauf $E$ drehbar angeordnet und mit den Klappenrohren $X$ und $Y$ starr verbunden. Klappe nebst Rohre sind um zwei Achsen drehbar, deren jede am Ständer und Einlauf gelagert ist. Am Ende des Klappenrohres $X$ ist der Arm $m$ befestigt; dieser ist mit dem Kniegelenk $K$ mittels Schneide und Pfanne verbunden. Dieses Kniegelenk ruht unten, gleichfalls mittels Schneide und Pfanne, auf dem Ständer auf und hält in seiner ausgestreckten Stellung die Klappe $B$ geöffnet. Durch den am Ständer

lose drehbar angebrachten Rollenhebel C wird das Kniegelenk am
Umknicken verhindert; erst beim Aufwärtsgehen der Gewichtschale G
wird durch den an derselben befestigten Stift d das Auslösen des
Rollenhebels von dem Kniegelenk und dadurch das Umknicken desselben bewirkt, infolgedessen sich die damit verbundene Klappe B
schließt. An den Rohren X und Y befinden sich, unmittelbar neben
den Gefäßwänden angeordnet, die beiden Klappenhebel N, welche
beim Zurückschlagen des Gefäßes nach erfolgter Entleerung desselben
mittels der an den Gefäßwänden befindlichen Rollen f das Öffnen
der Einlaufklappe bewirken. Der gleichfalls am Klappenrohr X befestigte Arm h ist mit dem am Ständer drehbar befestigten Rohr R
verbunden. Die in dem Rohr befindliche Kugel rollt beim Schließen
der Klappe B nach links und löst die Klinke k, welche in das Rohr
hineinragt, von dem Überfallgewicht L, wodurch dasselbe infolge
seiner Schwere zurückfällt und mit seinem unteren Arm gegen den
Gefäßhaken M schlägt und denselben anhebt; da die Gefäßschneide s
jetzt ihres Stützpunktes beraubt ist, so kann das Gefäß F umkippen und seinen Inhalt ausschütten. Der ganze Vorgang vom
Schließen der Klappe B an bis zum Umkippen des Gefäßes hat
den Zweck, Zeit zu gewinnen zum Arbeiten des Übergewichtszählwerks, welches durch den am Gefäßgehänge befindlichen Bolzen u
in Tätigkeit gesetzt wird. Der am vorderen Ständer in einem besonderen Gehäuse untergebrachte Übergewichtszähler registriert das
Gewicht, welches beim Schließen der Klappe mehr im Gefäß enthalten ist, als sich Gewichtsteine auf der Gewichtschale befinden,
auf der unteren der am Zähler Z befindlichen beiden Zahlenreihen; die obere Reihe zählt bei jeder Gefäßentleerung um 200
weiter und wird durch das Umkippen des Gefäßes angetrieben. Eine
ausführliche Beschreibung des Übergewichtszählwerks folgt im nächsten
Kapitel.

Der vollkommen symmetrische Wagebalken W liegt in seinen
Mittelschneiden, auf Stahlpfannen gelagert, auf den beiden Ständern
auf. Oberhalb der Mittelschneide, an der vorderen Seite der Wage,
befindet sich der Zeiger z, welcher an einer am Ständer angegossenen
Spitze, welche sich lotrecht über der Mittelschneide befindet, den
Ausschlag des Wagebalkens anzeigt. Der Wagebalken trägt rechts
die zur Aufnahme der Gewichte dienende Gewichtschale G, auf der
unterhalb derselben liegenden Traverse T liegt dieselbe bei leerem
Gefäß auf. An der linken Seite des Wagebalkens befindet sich das
Gefäßgehänge A, an dessen unterem Teil das Gefäß F mittels Schneide

und Pfanne aufliegt. An dem vorderen Gehänge ist der Gefäßhaken *M*,
welcher in die Gefäßschneide *s* eingreift, lose drehbar angebracht;
desgleichen befindet sich an demselben Gehänge der Tarierhebel *V*;
derselbe wird beim Kontrollieren des leeren Gefäßes gegen die Schneide *s*
gedrückt, weil dadurch eine Berührung der Anschläge am Gefäß und
Ständer vermieden wird. Endlich befindet sich unten an der Verlängerung des Gehänges der Bolzen *u*, welcher das Übergewichtszählwerk betätigt. Das hintere Gehänge hat oben zwei Stutzen, durch
welche ein Vierkantbolzen gesteckt ist. Von dem am hinteren Ständer
befestigten Stoßfänger *D* wird das Gefäßgehänge unmittelbar nach
erfolgter Auslösung des Rollenhebels *C* durch den Stift *d* der Gewichtschale für einen Moment arretiert. Beim Zuschlagen der Klappe *B*
schlägt der am Klappenrohr *Y* befindliche Nocken *i* gegen den Stoßfänger *D*, derselbe löst sich von dem Vierkantbolzen, worauf sich
das Gefäßgehänge nebst Gefäß der Schwere seines Gewichts entsprechend senkt und schließlich umkippt. Der Stoßfänger hat also
den Zweck, das plötzliche Abwärtsgehen des Gefäßes, welches durch
die Wucht der ins Gefäß fallenden Rüben eintreten würde, zu verhindern und dadurch ein genaues Arbeiten des Übergewichtszählers
zu gewährleisten.

Das auf den beiden Gehängen aufliegende Gefäß dient zur Aufnahme der zu verwiegenden Rüben usw., nach dem Auslösen des Gefäßhakens *M* von der Schneide *s* kippt dasselbe um und entledigt sich
seines Inhalts. Im Innern des Gefäßes sind Gewichte angebracht, infolgedessen dasselbe nach erfolgter Entleerung selbsttätig zurückschlägt.

Der am Ständer befestigte Einschalthebel *J* wird beim Zuschlagen
der Klappe *B* mittels der Verbindungsstange *U* nach links gedreht
und von dem Haken *H* arretiert. Erst beim Zurückschlagen des
Gefäßes nach erfolgter Entleerung wird der Haken an dem Gelenk
mittels der Schneide *l* angehoben, wodurch der Hebel *J* frei wird.
Durch diese Vorrichtung wird erreicht, daß das gewaltsame Öffnen
der Einlaufklappe *B* von außen während der Dauer der umgekippten
Gefäßstellung unmöglich ist, ohne die Wage zu beschädigen. Auf
eine demselben Zweck dienende Vorrichtung an Getreidewagen siehe
Fig. 85 u. 86.

Der Griff *O* mit dem Haken dient zum Arretieren des Überfall-
gewichts *L* beim Kontrollieren des Gefäßes; durch Herumdrehen desselben wird der Zweck erreicht.

Durch die Parallelführung *P* werden die im Gehänge durch das
Umschlagen des Gefäßes entstehenden Stöße auf ein Minimum reduziert.

Zum besseren Verständnis der Fig. 47—49 soll noch gesagt werden, daß in Fig. 47 der Deutlichkeit halber die Anschläge am Gefäß sowie diejenigen am Ständer und Einlauf fortgelassen wurden. Die Anordnung derselben ist aus der Fig. 49 klar zu ersehen. Ferner ist in Fig. 47 der Mechanismus des Übergewichtszählers nur durch den Gewichtshebel angedeutet; eine ausführliche Darstellung des Zählwerks zeigt Fig. 50. Endlich ist aus oben gesagtem Grunde in Fig. 47 der Stoßfänger fortgelassen, die Anordnung desselben ist aus den Fig. 48 u. 49 klar ersichtlich.

In Fig. 48 sind nur die Anschläge des Einlaufs und der Ständer e zu sehen; aus der Anordnung derselben geht aber klar hervor, daß die oberen Anschläge g des Gefäßes innerhalb, die unteren außerhalb desselben befestigt sind.

## Beschreibung des Zählwerks.
### Fig. 50 u. 51.

Das zur Rübenwage gehörige Zählwerk nebst seinen Mechanismen ist in einem besonderen Gehäuse montiert, welches sich unten am rechten Ständer der Wage befindet. An dem Gehäuse ist außer der Öffnung c, durch welche die beiden Zahlenreihen von außen ersichtlich sind, noch eine durch eine Tür verschließbare Öffnung, welche den Zugang zu dem unteren Mechanismus des Zählwerks gestattet, ohne den Deckel des Gehäuses von der Grundplatte abschrauben zu müssen.

Der Zähler selbst ist seiner empfindlichen Teile wegen extra in einem Messinggehäuse eingekapselt, die Grundplatte desselben ist mittels vier Schrauben auf der Grundplatte des Zählwerksmechanismus befestigt. Von den beiden am Zähler sichtbaren Zahlenreihen zählt die obere bei jeder Gefäßentleerung um 200 weiter; das ist das Gewicht, welches sich auf der Gewichtschale befindet. Das genannte Zählwerk der oberen Zahlenreihe wird beim jedesmaligen Umkippen des Gefäßes durch die an demselben befindliche Rolle, welche eine Drehung der fest auf der Zählerachse S befindlichen Schleife a bewirkt, angetrieben.

Auf der unteren Zahlenreihe wird das bei jeder Gefäßfüllung im Gefäß enthaltene Übergewicht registriert, es zählt also je nach der Größe des letzteren weiter. Das Übergewichtszählwerk wird durch den am vorderen Gefäßgehänge befestigten Bolzen u betätigt, letzterer bewirkt beim Abwärtsgehen eine Drehung der runden Scheibe Q mittels des Stahlbandes k. Die Scheibe ruht mittels Schneide auf

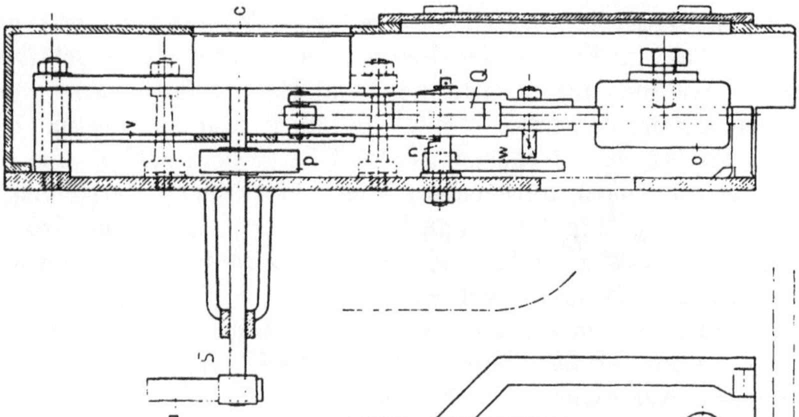

Fig. 51.

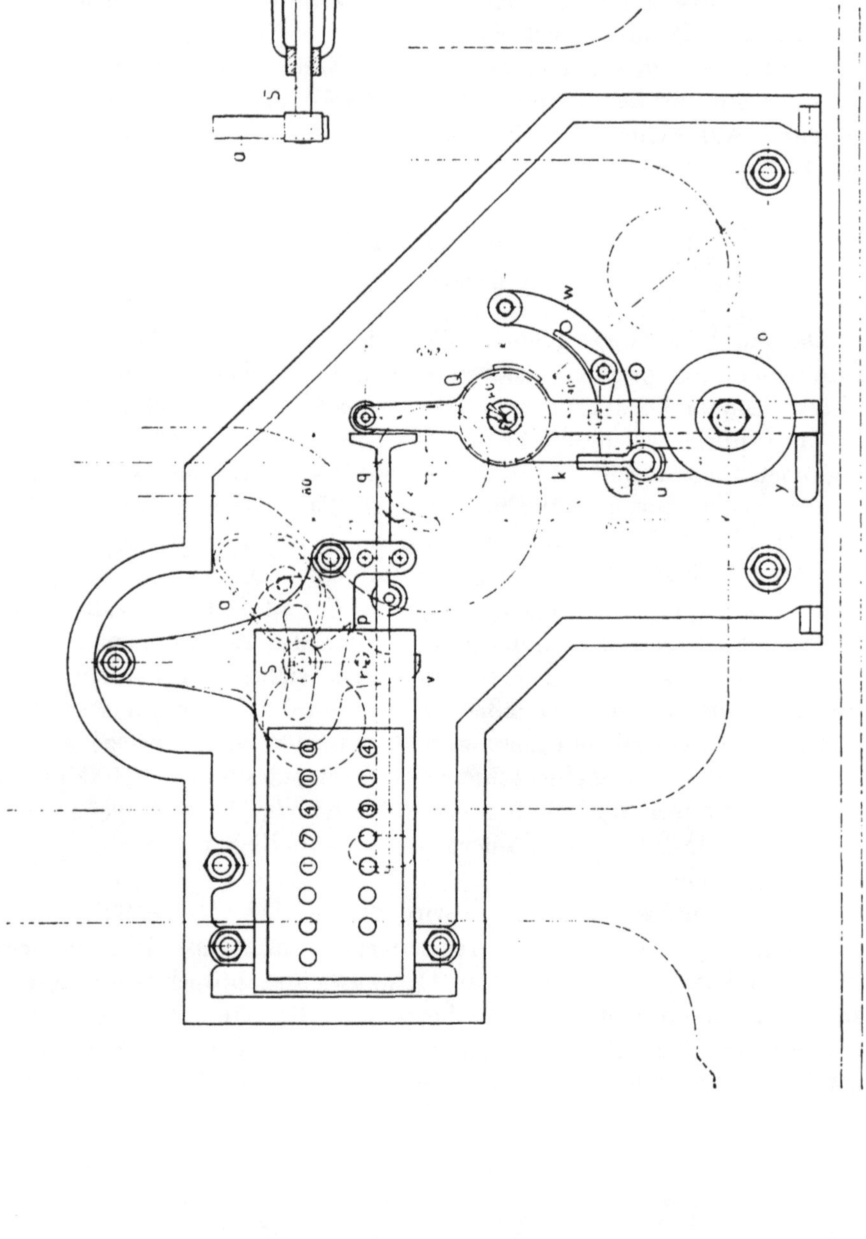

Fig. 50.

dem Pfannenbolzen *n* auf. Der Mittelpunkt der Scheibe, also der Drehpunkt derselben, ist zugleich Drehpunkt eines zweiarmigen Hebels, welcher unten mit einem Gewicht *o* belastet ist und an dessen oberem Ende sich eine Rolle befindet. Bei der Drehung der Scheibe drückt diese Rolle gegen die vertikal ausgebildete Endfläche der Zählerstange und schiebt dieselbe nach links, wodurch mittels Zahnradübersetzung das Übergewichtszählwerk betätigt wird. Die nähere Beschreibung des eigentlichen Zählwerks soll nicht Sache dieses Buches sein, es soll nur festgestellt werden, daß dasselbe bei einem Weg der Stange von 80 mm um 25 weiter zählt, bei einem kleineren Weg entsprechend weniger.

Das auf derselben Achse wie die Zählerschleife befestigte Gewicht soll in erster Linie die Zählerschleife nach beendeter Entleerung des Gefäßes in ihre ursprüngliche Lage zurückdrücken; die an dem Gewicht befindliche Schneide *p* bewirkt das Zurückgehen der Zählerstange *q* in ihre Endstellung, indem erstere beim Zurückgehen des Gewichts, beim Zurückschlagen des Gefäßes also, gegen die Schneide *r* des Pendels *v* drückt, welches wiederum die Zählerstange an der daran befindlichen Rolle zurückschiebt. Kurz vor der Endstellung des Gewichts entfernt sich die Schneide des Pendels von der Schneide des Gewichts, und das Pendel *v* nimmt seine senkrechte Lage ein. Letzteres ist beweglich lotrecht über der Zählerachse angeordnet.

Der rechts von dem mit dem Gewicht beschwerten Hebel befindliche gebogene Hebel *w* soll das Zurückfedern des Gewichts *o* nach beendeter Gefäßentleerung verhindern, weil dadurch das Übergewichtszählwerk noch einmal betätigt werden würde. Dieser Zweck wird dadurch erreicht, daß der am gebogenen Hebel *w* befindliche drehbare Nocken sich sofort, nachdem der Gewichtshebel seinen Anschlag *y* berührt hat, gegen den am Gewichtshebel befindlichen Vierkant legt und auf diese Weise das Zurückschlagen des Gewichtshebels verhindert.

Die Berechnung des Zählwerks erfolgt auf folgende einfache Weise:

Der an dem Stahlband *k* nach unten wirkende Druck ist gleich $P_{max} = 25$ kg; der Radius der Scheibe *Q* ist 40 mm; aus konstruktiven Gründen beträgt die Entfernung von dem Drehpunkt der Scheibe bis zum Schwerpunkt des Gewichts *o* 200 mm; es verhält sich nun:

$$P_{max} : 200 = \frac{G}{\sin 40^0} : 40 \text{ oder}$$

$$25 : 200 = \frac{Q}{0,643} : 40;$$

$$\frac{G}{0,643} = \frac{25 \cdot 40}{200} = 5$$

$G = 3,215$ kg, d. i. die Schwere des Gewichts.

Die Zählerstange $q$ soll bei einem Weg von 80 mm am Übergewichtszählwerk 25 kg markieren, daraus ergibt sich die Entfernung von Mitte Rolle bis Mitte Scheibe zu

$$l = \frac{80}{\sin 40^0} = \frac{80}{0,643} \sim 124,5 \text{ mm.}$$

### Die Arbeitsweise der Rübenwage.

### Fig. 52 u. 53.

Die zur Verwiegung kommenden Rüben werden dem Einlauf $E$ der Wage gewöhnlich mittels Elevators zugeführt. In den Fig. 52 u. 53 sind die beiden Hauptstellungen der Wage schematisch dargestellt; nämlich in Fig. 52 die Anfangsstellung, d. i. die Stellung, welche die Wage beim Beginn jeder einzelnen Gefäßfüllung einnimmt, während Fig. 53 die Stellung der Wage beim Entleeren des Gefäßes zeigt.

Wie in Fig. 52, der Anfangsstellung, ersichtlich, ruht beim Beginn der Gefäßfüllung die Gewichtschale $G$ auf der Traverse $T$ auf, die Einlaufklappe $B$ ist geöffnet, so daß das zu verwiegende Material durch den Einlauf $E$ in das Gefäß $F$ fallen kann. Das leere Gefäß liegt mit seinen Anschlägen gegen die Anschläge am Ständer und Einlauf (Fig. 49). Durch das ins Gefäß fallende Material verlegt sich der Schwerpunkt des Gefäßes nach links, das Gefäß verläßt seine Stützpunkte am Ständer und Einlauf und legt sich schließlich mit der Schneide $s$ gegen den Gefäßhaken $M$, welcher das Gefäß bis zum Schluß der Füllung stützt.

Sobald das Gewicht der ins Gefäß gefallenen Rüben den auf der Gewichtschale befindlichen 200 kg annähernd gleich ist, beginnt der Wagebalken zu arbeiten; das Gefäßgehänge nebst Gefäß geht nach abwärts und die Gewichtschale nach aufwärts, wobei der an letzterer befindliche Stift $d$ gegen den Arm des Rollenhebels $C$ stößt und denselben anhebt; dadurch entfernt sich die Rolle von dem Kniegelenk $K$, und das letztere, seines Stützpunktes beraubt, knickt zusammen, infolgedessen sich die damit verbundene Klappe $B$ schließt

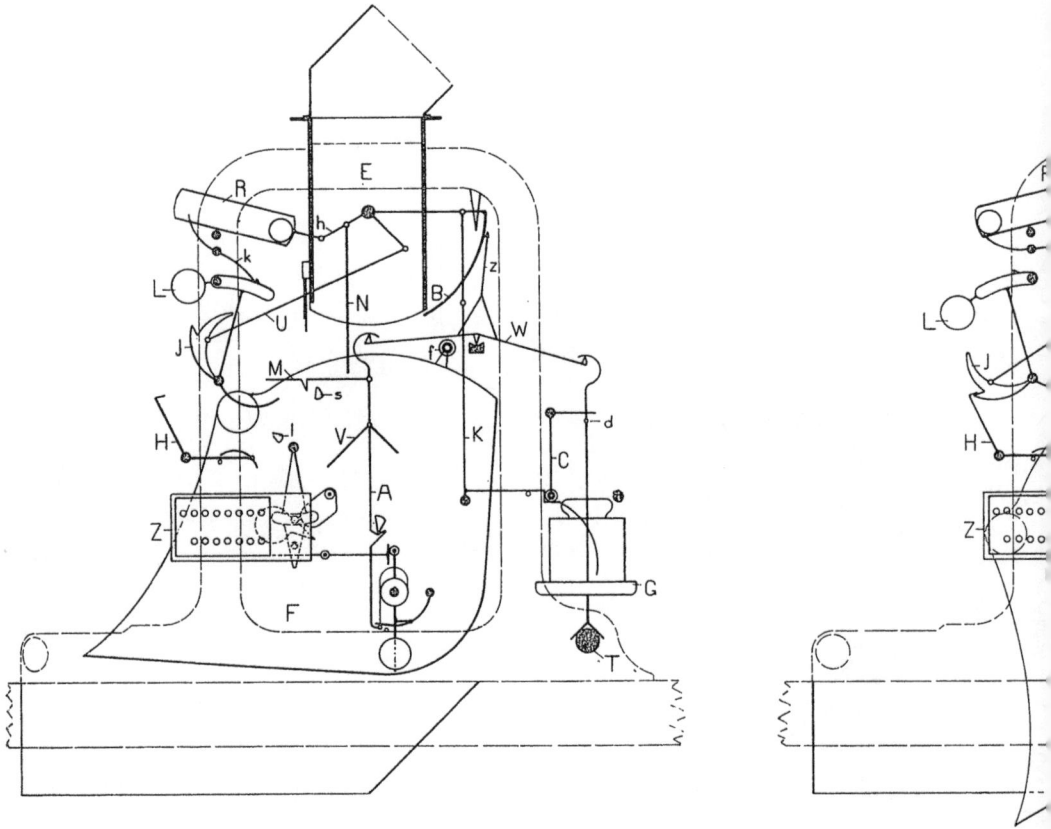

Fig. 52.

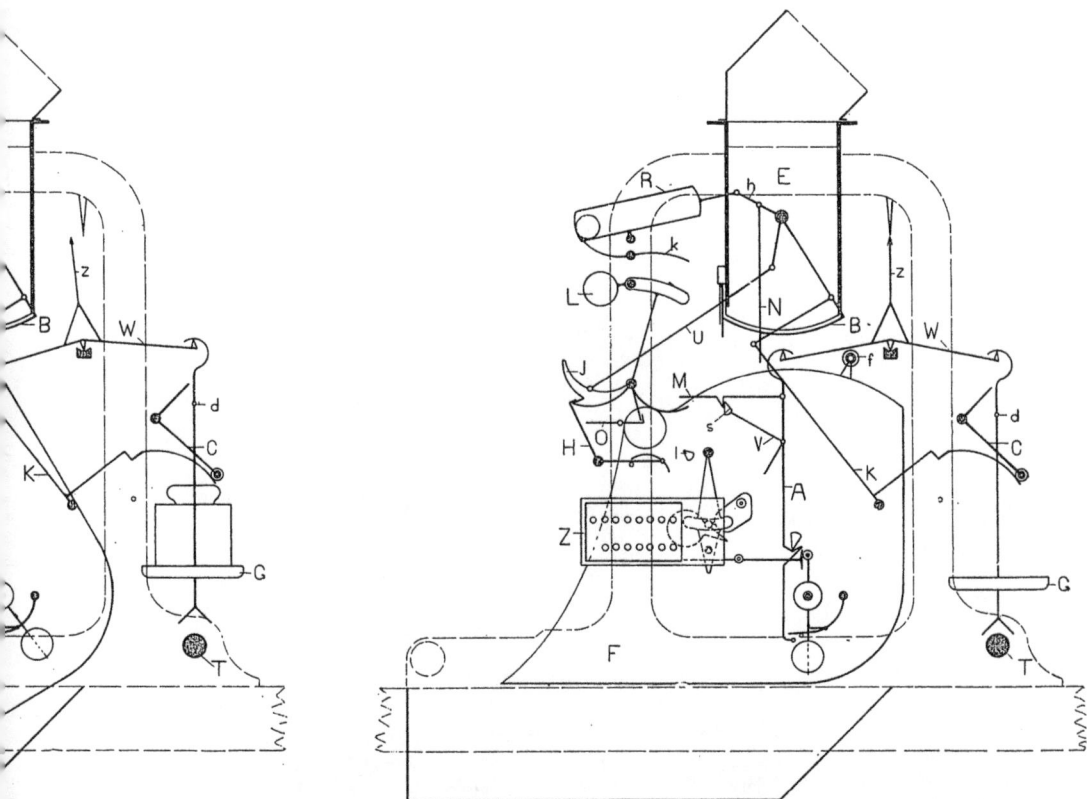

Fig. 54.

Druck und Verlag von R. Oldenbourg, München und Berlin.

und den weiteren Materialzufluß ins Gefäß absperrt. Der mit der
Klappe *B* in fester Verbindung stehende Arm *h* drückt beim Zuschlagen derselben das Rohr *R* nach aufwärts, dabei rollt die in dem
Rohr befindliche Kugel nach links und drückt auf die in das Rohr
hineinragende Klinke *k*, dieselbe löst sich von dem Überfallgewicht *L*,
letzteres fällt infolge seiner eigenen Schwere nach links, wobei der
untere Arm desselben gegen den Gefäßhaken *M* schlägt und denselben anhebt. Da das Gefäß jetzt ohne Unterstützung ist, kippt
es um und schüttet seinen Inhalt aus. Durch die an dem Arm des
Klappenrohres befindliche Stange *U* wird der Einschalthebel *J* beim
Schließen der Klappe *B* nach links gedrückt und von dem Haken *H*
arretiert.

Die Stellung der Wage in diesem Moment zeigt Fig. 53. Nach
beendeter Entleerung schlägt das Gefäß infolge des Druckes der
im Innern desselben angebrachten Gewichte selbsttätig in seine
Anfangsstellung zurück. Beim Zurückschlagen wird zunächst der
Haken *H* durch die am Gefäß befindliche Schneide *l* angehoben,
wodurch der Einschalthebel *J* frei wird, der Klappenhebel *N* wird
von der Rolle *f* angehoben, infolgedessen sich die Klappe *B* öffnet,
das Kniegelenk *K* streckt sich und wird von dem Rollenhebel *C* in
seiner gestreckten Lage und damit die Klappe *B* in der offenen Stellung gestützt. Gleichzeitig mit dem Öffnen der Klappe kommt auch
das Überfallgewicht *L* wieder in seine alte Lage, indem die am Arm
des Klappenrohres befindliche Stange *U* den Einschalthebel *J* nach
rechts zieht, wobei auch das Überfallgewicht mitgenommen und
schließlich von der Klinke *k* arretiert wird. Die Wage befindet sich
jetzt wieder in der Anfangsstellung, und das eben beschriebene Spiel
der Wage beginnt von neuem.

### Die Arbeitsweise des Zählwerks.

Von den beiden am Zähler befindlichen Zahlenreihen zählt bekanntlich die obere bei jeder Gefäßentleerung um 200, gleich der
Belastung der Gewichtschale in kg, weiter und wird dadurch betätigt,
daß die am Gefäß befestigte Rolle beim Umkippen des Gefäßes eine
Drehung der Zählerachse *S* mittels der Schleife *a* verursacht. — Die
Wirkungsweise des Übergewichtszählwerks, welches das bei jeder Gefäßfüllung im Gefäß enthaltene Übergewicht auf der unteren Zahlenreihe
registriert, ist folgende: Der an der Verlängerung des vorderen Gefäßgehänges befindliche Bolzen *u* steht, wie schon erwähnt, mit der

im Zählerkasten um ihren Mittelpunkt drehbar angeordneten runden
Scheibe $Q$ mittels des Stahlbandes $k$ in Verbindung. In dem Moment,
wo die drei Schneiden des Wagebalkens sich in einer Horizontalen
befinden, nimmt das bis dahin im schlaffen Zustande befindliche
Stahlband eine gespannte Lage ein und bewirkt beim weiteren Abwärtsgehen des Gefäßgehänges $A$ eine Drehung der Scheibe $Q$. Je
größer das im Gefäß enthaltene Übergewicht ist, um so tiefer geht
das Gefäßgehänge abwärts, und dementsprechend wird auch die Drehung
der Scheibe $Q$ eine größere. Der an der Scheibe befestigte, nach aufwärts gerichtete Arm mit der Rolle bewirkt bei der Drehung der
Scheibe eine Bewegung der Zählerstange $q$ nach links. Letztere läuft
in einer Zahnstange aus, und ein in dieselbe eingreifendes Zahnrad
betätigt das Übergewichtszählwerk, welches bei einem Weg der Zahnstange von 80 mm max. 25 kg registriert. Bei jeder Gefäßentleerung
wird das zuletzt im Gefäß enthalten gewesene Übergewicht auf diese
Weise auf der unteren Zahlenreihe registriert.

Unmittelbar nach beendeter Gefäßentleerung wird das Gehänge
von der belasteten Gewichtschale nach aufwärts gezogen und mit
demselben der Bolzen $u$, um welchen das Stahlband gelegt ist. Die
Scheibe $Q$, welche durch das Stahlband in Drehung versetzt wurde,
wird infolgedessen durch das am unteren Arm derselben befindliche
Gewicht $o$ wieder in ihre alte Lage gebracht, indem der Arm gegen
den Anschlag $y$ stößt. — Weil durch ein etwaiges Zurückprallen des
Gewichtsarmes von dem Anschlag $y$ das Übergewichtszählwerk noch
einmal, und zwar unnützerweise betätigt werden könnte, ist zwecks
Vermeidung des Zurückprallens folgende Vorrichtung angebracht:

Der gebogene Hebel $w$ ist am rechten Ende auf einem Bolzen
lose drehbar angeordnet und liegt mit dem andern Ende auf dem
Bolzen $u$ lose auf, macht infolgedessen die auf- und abwärts gehende
Bewegung des Gefäßgehänges $A$ mit. Sobald der untere Arm mit
dem Gewicht seinen Anschlag wieder berührt hat, legt sich der am
Arm befindliche Vierkant gegen den am gebogenen Hebel drehbar
angeordneten Stutzen. Der Arm wird dadurch sofort arretiert, und
zwar solange, bis infolge des Abwärtsgehens des Gefäßgehänges der
auf dem Bolzen $u$ aufliegende Hebel $w$ sich von dem Vierkant entfernt. Dieser Moment tritt ein, kurz bevor die drei Schneiden des
Wagebalkens sich in einer Horizontalen befinden.

Gleichzeitig mit dem unteren Gewichtsarm geht auch der obere
Arm mit der Rolle in seine alte Lage zurück. Das Zurückgehen der
Zählerstange $q$, bis dieselbe wieder sanft gegen die Rolle drückt, er-

folgt folgendermaßen: Beim Vorschieben der Zählerstange durch die Rolle des Armes drückt die an der Zählerstange befindliche Rolle das lose herabhängende Pendel $v$ sanft zurück. Das Gefäß der Wage nimmt bekanntlich beim Umkippen die Schleife $a$, welche zur Betätigung der oberen Zahlenreihe dient, mit der am Gefäß befindlichen Rolle mit. Auf derselben Achse $S$, auf der die Schleife $a$ sich befindet, ist auch ein Gewicht mit der Schneide $p$ befestigt. Wenn die durch die Schleife $a$ betätigte Schneide $p$ sich in ihrer äußersten Stellung links befindet, in der umgekippten Lage des Gefäßes also, greift dieselbe beim Zurückgehen gegen die am Pendel $v$ befindliche Schneide $r$ und drückt das Pendel zurück; das letztere drückt gegen die Rolle der Zahnstange oder Zählerstange, bis dieselbe ihre ursprüngliche Lage wieder eingenommen hat.

## Das Kontrollieren der Wage. (Fig. 54.)

Soll eine Gefäßfüllung kontrolliert werden, so ist es notwendig, die Wage zunächst bei entleertem Gefäß auf genaues Einspielen des Wagebalkens zu prüfen. Zu diesem Zweck wird der Klappenhebel $N$ während einer Gefäßentleerung nach links angehoben; dadurch wird erreicht, daß die Einlaufklappe $B$ geschlossen bleibt und der weitere Zufluß ins Gefäß also abgesperrt ist. Alsdann werden die Gewichtstücke von der Gewichtschale $G$ heruntergenommen. Dann wird das Überfallgewicht $L$ nach rechts gedrückt und durch Herumdrehen des Griffes $O$ arretiert, worauf der am Gefäßgehänge $A$ befindliche Tarierhebel $V$ gegen die am Gefäß befindliche Schneide $s$ gedrückt wird, so daß letztere zwischen Tarierhebel $V$ und Gefäßhaken $M$ festgeklemmt ist; auf diese Weise wird eine Berührung der Gefäßanschläge $g$ mit den Anschlägen $e$ am Einlauf und Ständer verhindert. Zuletzt wird das Stahlband von dem am Gehänge $A$ befindlichen Bolzen $u$ heruntergezogen. Jetzt kann der Wagebalken $W$, mit der leeren Gewichtschale an einer Seite und dem leeren Gefäß an der andern Seite belastet, frei schwingen, ohne mit irgendeinem übrigen Teil der Wage in Berührung zu kommen. Zeigt der am Wagebalken $W$ befindliche Zeiger $z$ in der Ruhelage gegen die am Ständer befindliche Spitze, so ist die Wage in Ordnung, andernfalls muß durch Beschweren oder Erleichtern der Gewichtschale, was durch Hineinlegen oder Herausnehmen von kleinen Metallstücken in die in der Mitte der Gewichtschale befindliche Öffnung geschieht, das Gleichgewicht hergestellt werden.

Nach beendeter Kontrolle werden zunächst die Gewichtstücke wieder auf die Gewichtschale gesetzt, dann wird der am Gehänge befindliche Tarierhebel $V$ von der Schneide $s$ zurückgedrückt, darauf wird das Gefäß $F$ so weit herumgekippt, bis die an demselben befindliche Rolle $f$ den Klappenhebel $N$ greift und dadurch beim Zurückschlagen des Gefäßes die Klappe $B$ öffnet. Alsdann wird das Stahlband, welches das Übergewichtszählwerk mit dem Gehänge verbindet, über den Bolzen $u$ geschoben und zuletzt der Griff $O$, welcher das Überfallgewicht $L$ arretiert, herumgedreht, worauf die Wage wieder betriebsfähig ist.

Um festzustellen, ob eine beliebige Gefäßfüllung mit den Angaben der Zähler übereinstimmt, läßt man die Wage erst wieder einige Entleerungen machen, worauf der Hebel $O$ herumgedreht wird, infolgedessen das Umkippen des Gefäßes verhindert wird.

Nach erfolgter Verwägung wird der Tarierhebel $V$ gegen die Schneide $s$ gedrückt und das Stahlband $k$ heruntergenommen. Nach erfolgter Mehrbelastung der Gewichtschale mit dem vom Übergewichtszählwerk zuletzt markierten Gewicht läßt sich die Übereinstimmung der Gefäßfüllung mit den Angaben der Zähler leicht feststellen.

Die Beschreibung der Rübenwage ist hiermit abgeschlossen. Ein näheres Eingehen auf die einzelnen Teile derselben ist, von dem Einlaufmechanismus abgesehen, zwecklos.

Der Wagebalken hat dieselbe Konstruktion, in stärkeren Dimensionen natürlich, wie der bei der Getreidewage beschriebene, nur ist bei der Rübenwage der Zeiger des Wagebalkens nach oben gerichtet.

Die Gewichtschale zeigt ebenfalls dieselbe Form wie diejenige der Getreidewage, nur mit dem Unterschiede, daß die beiden Arme angeschraubt sind und nicht angegossen, wie bei genannter Wage; ebenso gleicht das Gehänge und Gefäß demjenigen an der Getreidewage in Konstruktion und Form. Die übrigen Einzelheiten der Wage sind aus den Fig. 47, 48 u. 49 zur Genüge ersichtlich, weshalb sich die nähere Beschreibung derselben erübrigt. Es lohnt sich indessen, den Einlaufmechanismus kurz zu beschreiben, womit dieser Abschnitt zu Ende ist.

### Der Einlaufmechanismus.

### Fig. 47—49.

Die Zuführung des zu verwiegenden Materials in das Gefäß erfolgt bekanntlich durch die Einlauföffnung $E$, welche sich in der Mitte der Deckplatte, die oben zur Verbindung der beiden Ständer dient, befindet. Von oben gesehen hat die Einlauföffnung die Form eines Rechtecks. An den beiden Querseiten des Einlaufes befinden sich die Stutzen *e*, welche, mit Gummipuffern versehen, als Anschläge für das Gefäß dienen. Nach unten kann die Einlauföffnung durch die Klappe *B* verschlossen werden, letztere besteht aus dem Klappenblech, zwei Klappenschildern und zwei an letzteren befestigten Klappenrohren *X* und *Y*. Die Klappenschilder sind zu beiden Seiten des Einlaufs um zwei Achsen drehbar gelagert und durch das aufgeniete Klappenblech und zwei Traversen starr verbunden. Die Klappenrohre sind an den Ständern in den eben erwähnten Achsen gelagert. Beim Schließen der Klappe schlägt dieselbe mit den Klappenschildern gegen die beiden als Gefäßanschläge dienenden Stutzen. Die an der Längsseite des Einlaufs befestigte Bürste *b* wird von dem Klappenblech nicht berührt.

## III. Automatische Wage für Steinkohlen.
### Fig. 55—59.

Das in großen Kesselhäusern zur Verfeuerung gelangende Kohlenquantum wird in der Weise ermittelt, daß vor dem Eintritt der Kohlen in die automatische Feuerung eines Dampfkessels eine automatische Kohlenwage eingeschaltet wird, an dessen Zählwerk das verbrauchte Quantum leicht abzulesen ist. Die in den Fig. 55 u. 56 dargestellte Kohlenwage zeigt eine bewährte Konstruktion, dieselbe hat große Ähnlichkeit mit der in Fig. 47 dargestellten Rübenwage. Mit Ausnahme der Einlaufvorrichtung haben auch beide Wagen dieselbe Konstruktion. Da auf der Kohlenwage Kohlen bis zu einer Stückgröße von 150 mm zur Verwiegung gelangen, so ist es also nicht möglich, jedenfalls sehr unwahrscheinlich, daß eine Gefäßfüllung genau so schwer sein kann wie die auf der Gewichtschale befindlichen Gewichtsteine, es wird wie bei der Rübenwage ein Übergewicht im Gefäß enthalten sein, welches an einem besonderen Zählwerk registriert wird. Durch das im Gefäß enthaltene Übergewicht an Kohlen ist ein Kontrollieren der Gefäßfüllung nur in der beim Kapitel Rübenwage beschriebenen Weise möglich, eine an der Wage befindliche Vorrichtung gestattet indes ein Kontrollieren der Wage bei leerem Gefäß in bezug auf richtiges Einspielen des Wagebalkens. Eine Reguliervorrichtung ist aus diesem Grunde an der Wage überflüssig, ebenso kommt die Abstufung in Fortfall, weil die Wage ohne Streuung arbeitet, die Absperrung des Kohlenzuflusses in das Gefäß also nicht allmählich, sondern plötzlich erfolgt. Der durch die ins Gefäß fallenden Kohlen im Gehänge entstehende Stoß wird durch den von der Rübenwage bekannten Stoßfänger aufgefangen bzw. gemildert. Nachstehend beschriebene Wage verwiegt und registriert bei einer jedesmaligen Gefäßfüllung von 200 kg stündlich ca. 24 000 kg, macht demnach 100—120 Entleerungen pro Stunde oder ca. 2 pro Minute.

### Beschreibung der Kohlenwage.

### Fig. 55 u. 56.

Von den an der Kohlenwage befindlichen Hauptteilen sind unter anderen der trichterförmige Einlauf $E$, der gleicharmige Wagebalken $W$, das Gefäß $F$, die Gewichtschale $G$ und das Zählwerk $Z$ zu nennen.

Der zur Zuführung der zu verwiegenden Kohlen in das Gefäß dienende Einlauf $E$ ist oberhalb der Wage zwischen zwei $\lceil$-Eisen gelagert. Die Absperrung des Kohlenzuflusses erfolgt durch die zehn Fallhebel $B$, von denen jeder einzelne unabhängig von dem andern im gegebenen Moment auf den Boden des Einlauftrichters $E$ schlägt. Fig. 55 zeigt die Stellung, welche die Fallhebel während des Kohlenzuflusses einnehmen; das vorzeitige Niederfallen derselben wird durch die Traverse $b$, welche auf die Verlängerungen der Fallhebel drückt, verhindert. Das Zuschlagen der Fallhebel $B$ kann also nur erfolgen, wenn sich die Traverse $b$ hebt; das geschieht in dem Moment, wo der an der Gewichtschale $G$ befindliche Stift $d$ beim Aufwärtsgehen derselben den Winkelhebel $C$ anhebt, infolgedessen das Kniegelenk $K$, weil seines Stützpunktes beraubt, umknickt. Die beiden Rohre $X$ und $Y$ sind durch die Traverse $b$ starr verbunden; der mit dem Kniegelenk $K$ verbundene Arm $m$ bewirkt daher beim Zusammenknicken des ersteren eine Drehung der beiden Rohre $X$ und $Y$.

Der Wagebalken $W$ ist ein gleicharmig symmetrischer und hat die zu Fig. 14 u. 15 beschriebene Form, der an demselben befindliche Zeiger $z$ zeigt den Ausschlag des Wagebalkens an.

Das mittels Schneiden auf den beiden Gehängen $A$ aufliegende Gefäß $F$ dient zur Aufnahme der zu verwiegenden Kohlen; nach dem Auslösen des Gefäßhakens $M$ von der Schneide $s$ kippt das Gefäß selbsttätig um und schüttet seinen Inhalt aus. Durch zweckmäßig angeordnete Gewichte im Innern des Gefäßes wird bewirkt, daß das

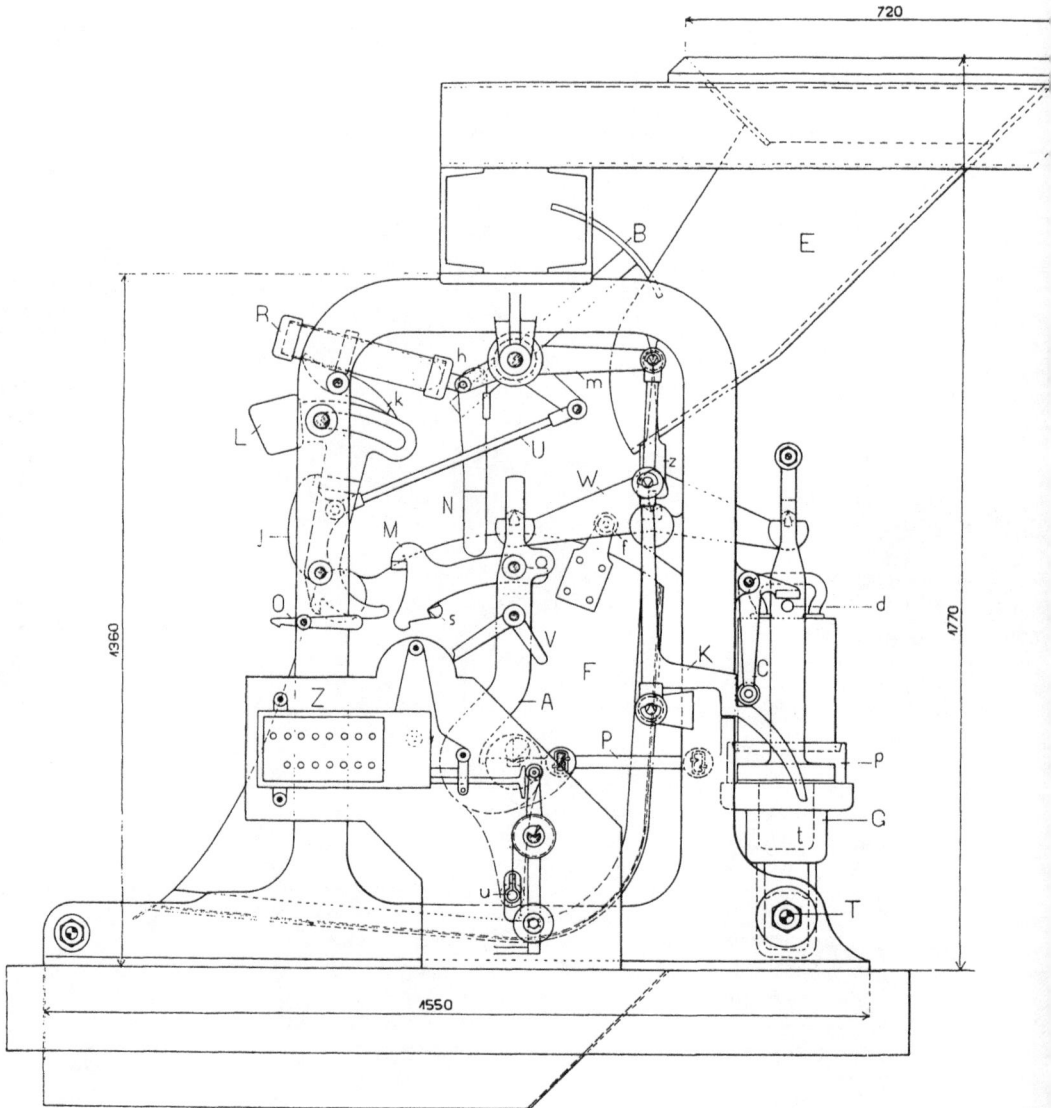

Fig. 55.

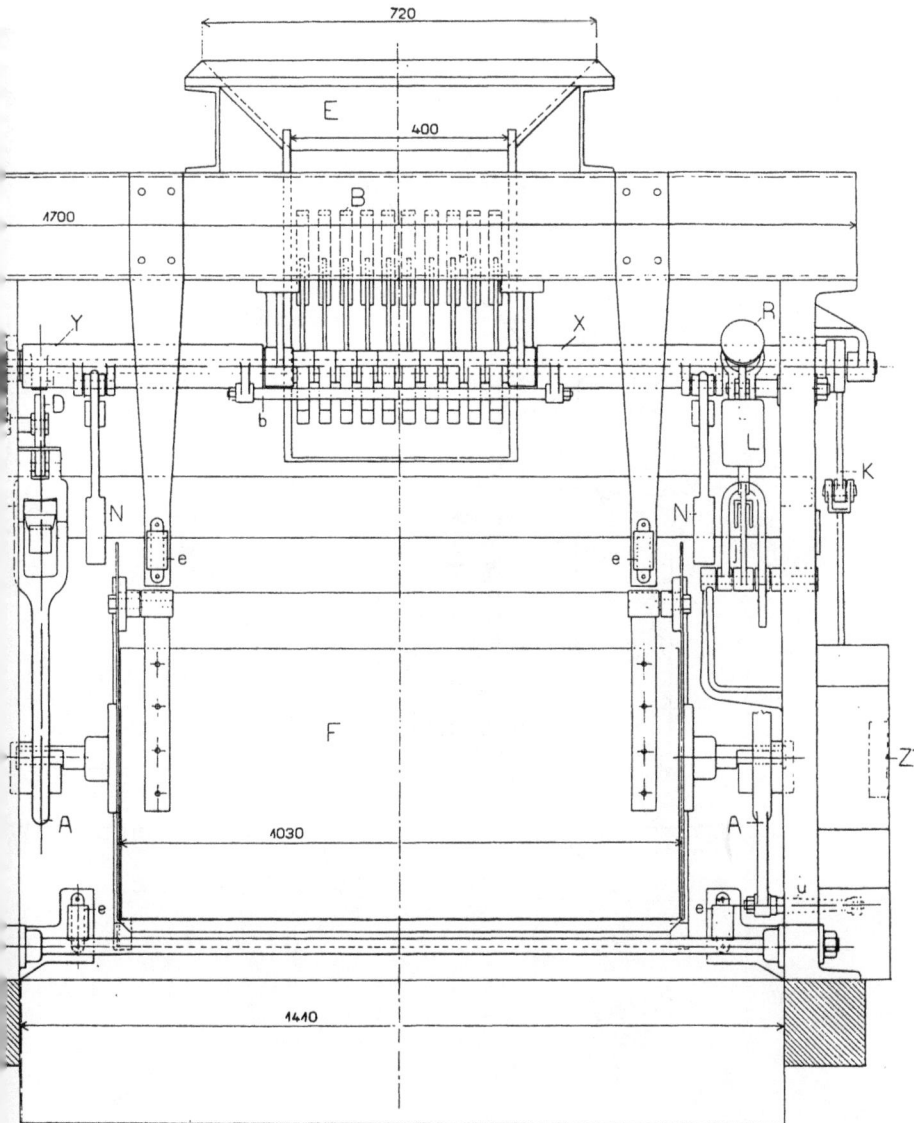

720

E

400

B

1700

Y

X

R

D

b

L

K

N

N

e

e

F

A

A

Z

1030

e

e

u

1410

Fig. 56.

Druck und Verlag von R. Oldenbourg, München und Berlin.

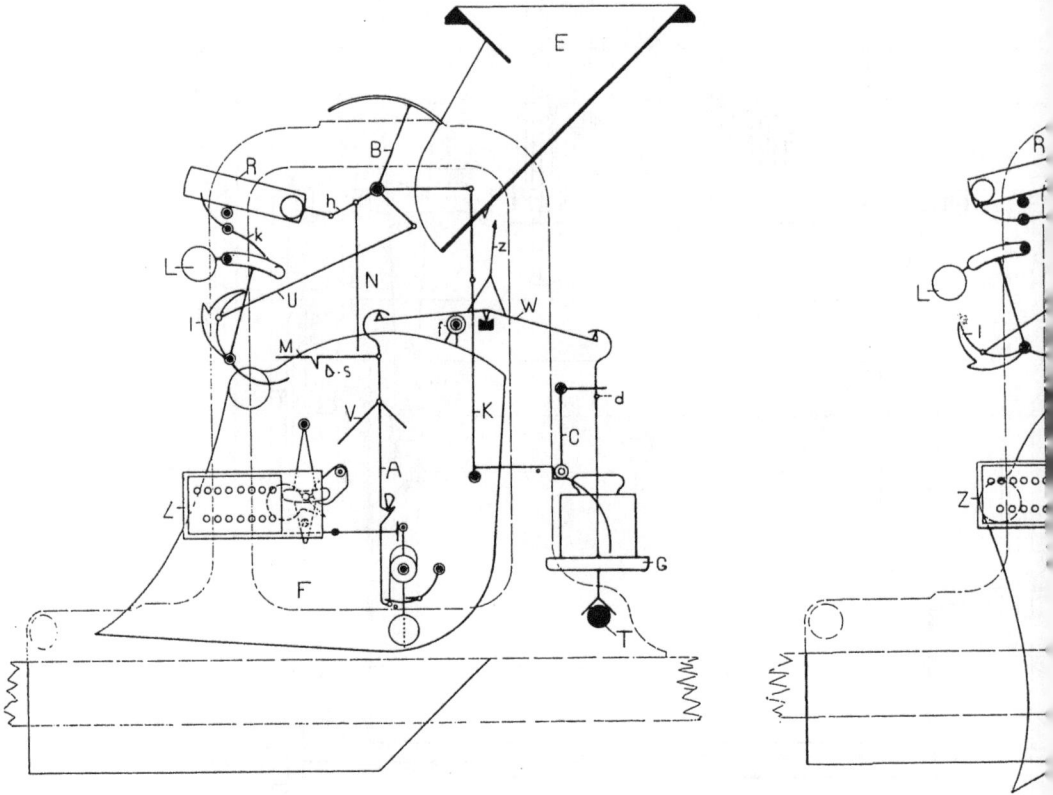

Fig. 57.

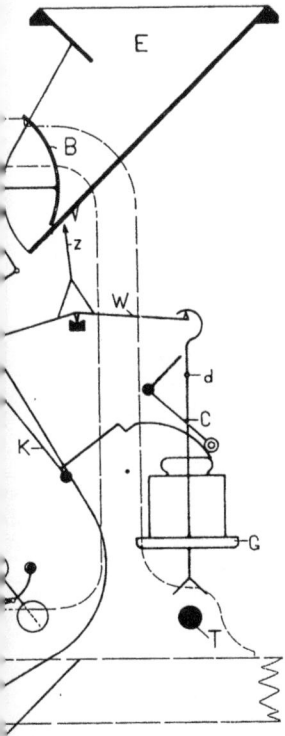

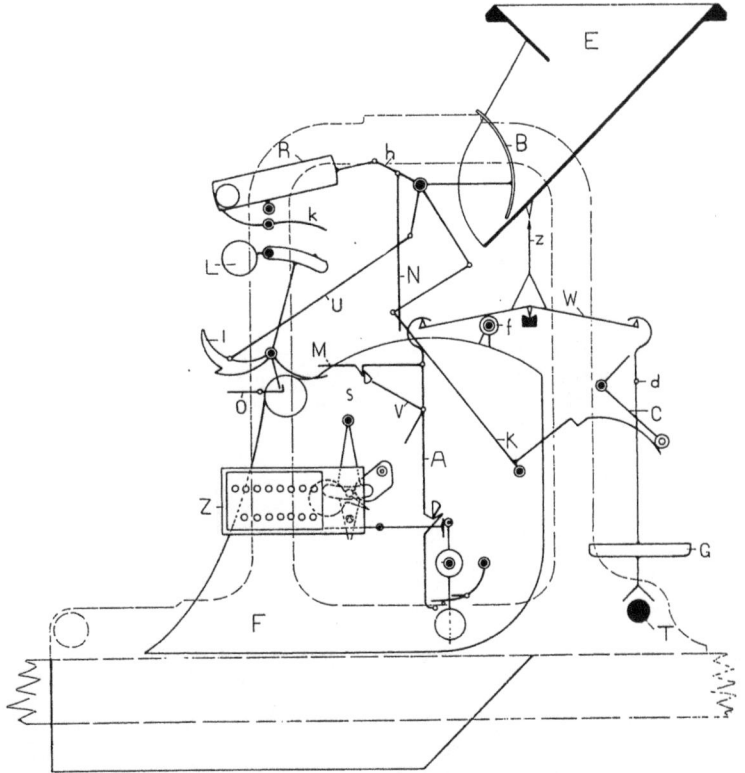

Fig. 59.

Druck und Verlag von R. Oldenbourg, München und Berlin.

Gefäß nach beendeter Entleerung in seine alte Lage zurückschlägt. Zwecks Milderung der beim Um- und Zurückschlagen entstehenden Stöße sind die Gefäßanschläge an den Ständern *e* mit Gummiplatten belegt; die Anordnung der am Gefäß befindlichen Anschläge zeigt Fig. 49. Die an beiden Gefäßwänden befindlichen Rollen *f* bewirken beim Zurückschlagen des Gefäßes eine Drehung der Rohre *X* und *Y* mittels der Hebel *N*, infolgedessen durch Aufwärtsgehen der Fallhebel *B* der Kohlenzufluß wieder hergestellt wird.

Die Parallelführung *P* dient dazu, die durch das fortwährende Um- und Zurückschlagen des Gefäßes im Gehänge entstehenden Schwankungen aufzufangen bzw. zu mildern.

Die das Umkippen des Gefäßes bewirkende Vorrichtung, in der Hauptsache bestehend aus dem Rohr *R*, dem Überfallgewicht *L*, dem Hebel *J* und der Stange *U*, ist dieselbe wie bei der vorbeschriebenen Rübenwage, desgleichen ist die Anordnung und Wirkungsweise des Stoßfängers *D* genau die gleiche wie bei der Rübenwage, ebenso das Übergewichtszählwerk *Z*. Durch die beim Kapitel Rübenwage ausführlich gegebene Beschreibung erübrigt sich ein nochmaliges Eingehen auf letztgenannte Teile.

### Arbeitsweise der Kohlenwage.
### Fig. 57 u. 58.

Die zur Verwiegung kommenden Kohlen werden dem Einlauf *E* der Wage mittels Elevator, Schüttelrinne od. dgl. zugeführt. Aus dem in Fig. 57 gezeichneten Schema, welches die Stellung der Wage beim Beginn jeder einzelnen Verwägung zeigt, ist ersichtlich, daß in diesem Moment die Gewichtschale *G* auf der Traverse *T* aufliegt und das Kniegelenk *K* gestreckt ist, infolgedessen die Fallhebel *B* nach oben stehen, so daß die Kohlen durch den geöffneten Einlauf *E* in das Gefäß *F* fallen können. Das bis dahin leere Gefäß liegt mit seinen Anschlägen gegen die am Ständer und Einlauf befindlichen (Fig. 49). Durch die ins Gefäß fallenden Kohlen verschiebt sich der Schwerpunkt desselben nach links, bis sich die Schneide *s* gegen den Gefäßhaken *M* legt. Sobald das Gewicht der ins Gefäß gefallenen Kohlen den auf der Gewichtschale befindlichen 200 kg annähernd gleich ist, beginnt der Wagebalken zu arbeiten, die Gewichtschale *G* geht nach aufwärts, wobei der an lettzerer befindliche Stift *d* gegen den Arm des Winkelhebels *C* stößt und denselben anhebt; das seiner Unterstützung beraubte Kniegelenk *K* knickt zusammen und verursacht das Zuschlagen der Fallhebel *B*, der Kohlenzufluß in das Gefäß ist damit unterbrochen. Durch das Zusammenknicken des Kniegelenks wird die rechte Seite des Rohres *R* durch den Arm *h* angehoben, die im Rohr befindliche Kugel rollt nach links und entfernt die Klinke *k* von dem Überfallgewicht *L*, letzteres schlägt zurück und hebt den Gefäßhaken *M* von der Schneide *s*, infolgedessen das Gefäß umkippen und entleeren kann. Der ganze Vorgang, vom Anheben des Rohres *R* bis zum Umschlagen des Gefäßes, hat, wie schon beim Abschnitt Rübenwage bemerkt, den Zweck, für das Arbeiten des Übergewichtszählwerks Zeit zu gewinnen. Die Stellung der Wage in diesem Moment zeigt Fig. 58.

Die im Gefäß enthalten gewesene Füllung wird am Zählwerk *Z* registriert. Die obere Zahlenreihe markiert fortlaufend das Gewicht, welches sich auf der Gewichtschale befindet, zählt also jedesmal um 200 weiter und wird durch das Umschlagen des Gefäßes betätigt. Auf der unteren Zahlenreihe wird das Übergewicht registriert. Das mittels der Wage verwogene Quantum ergibt sich also durch Addition der beiden Zahlenreihen. Anordnung und Wirkungsweise des Zählwerks sind in dem zu Fig. 50 u. 51 gehörigen Abschnitt ausführlich erörtert.

Nach beendeter Entleerung schlägt das Gefäß selbsttätig in seine alte Lage zurück. Beim Zurückschlagen werden die Klappenhebel *N* von der Rolle *f* angehoben, infolgedessen sich durch Drehung der beiden Rohre *X* und *Y* das Kniegelenk *K* streckt, die Fallhebel *B* anheben und das Überfallgewicht *L* mittels der Stange *U* und des Hebels *J* angehoben und von der Klinke *k* arretiert wird, worauf das Spiel der Wage von neuem beginnt.

Das Kontrollieren der Wage (Fig. 59) erfolgt in derselben Weise wie bei der Rübenwage, und es kann daher auf die betreffenden Ausführungen an jener Stelle verwiesen werden.

# IV. Automatische Wage für Mehl.
## Fig. 60—67.

Die in den Fig. 60—63 dargestellte automatische Registrierwage für Mehl repräsentiert eine Type, welche in Müllereien zum Verwiegen des produzierten Mehles große Verbreitung gefunden hat. Charakteristisch an der Wage ist die Zuführung des zu verwiegenden Mehles

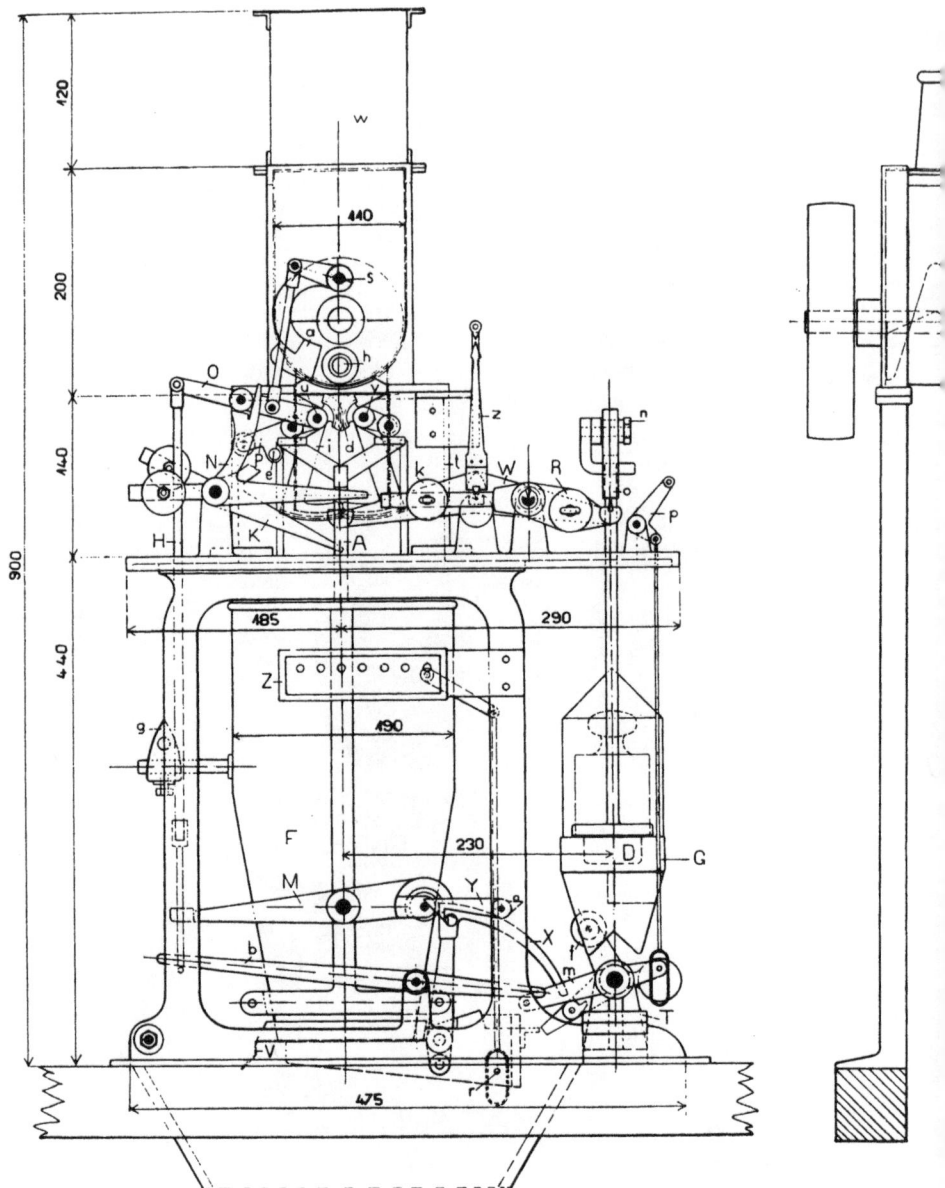

Fig. 60.

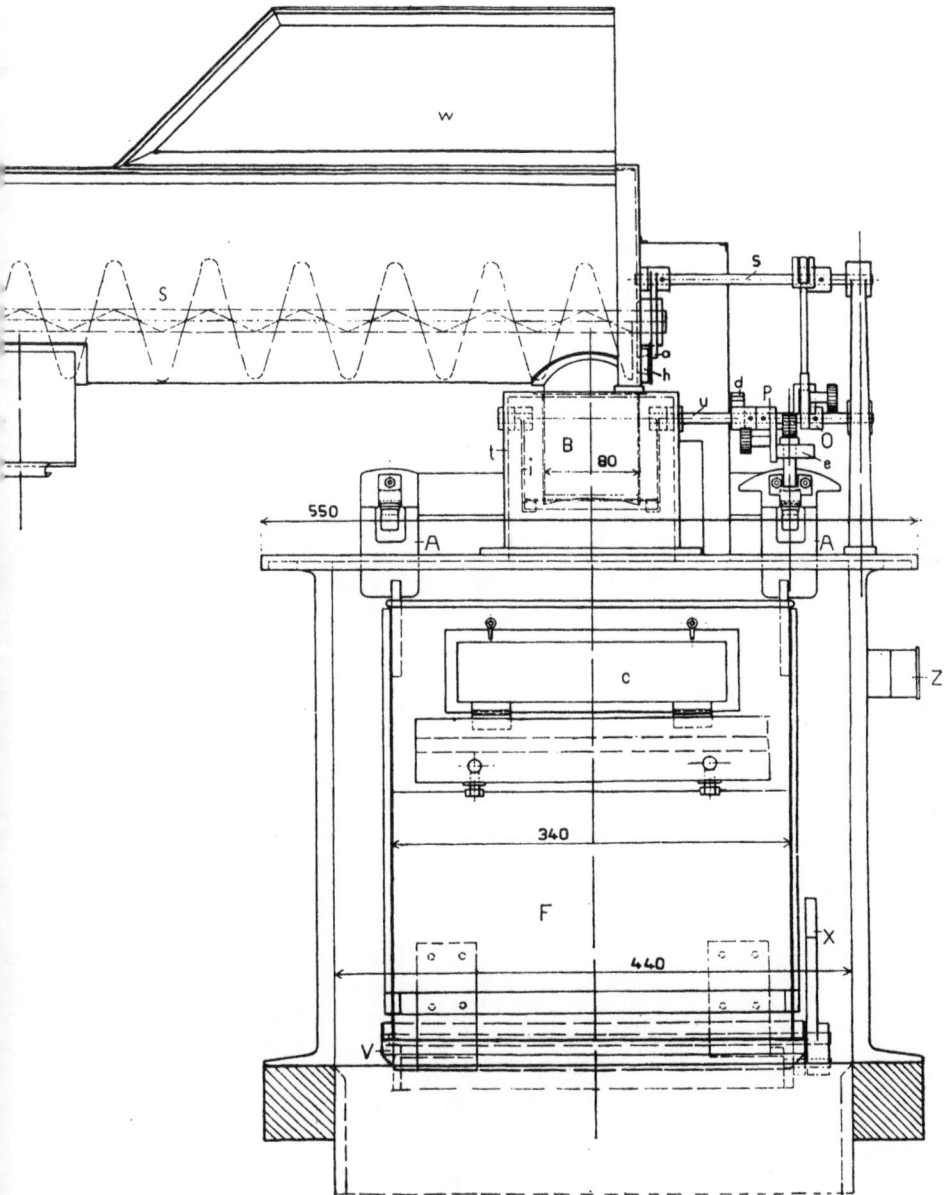

Fig. 61.

Druck und Verlag von R. Oldenbourg, München und Berlin.

in das Gefäß der Wage; würde das Mehl wie bei den bisher beschriebenen Wagen einfach mittels Trichters hineingeschüttet, so würde der Einlauf und ganz besonders das Streuloch schnell verstopft sein; die Folge wäre ein fortwährendes Versagen der Wage. Dieser Übelstand wird durch die in Fig. 61 ersichtliche Zuführungsart, der Transportschnecke, beseitigt.

Des weiteren ist die Anordnung des Gefäßes eine andere wie bei den vorbeschriebenen Wagen; während letztere ihres Inhalts sich durch Umkippen des Gefäßes entledigen, erfolgt hierbei die Entleerung durch Öffnen der Bodenklappe des Gefäßes, welche sich dann jedesmal selbsttätig wieder schließt.

Im großen und ganzen ist der Vorgang beim Verwiegen des Mehles analog dem beim Verwiegen des Getreides. Zuerst läuft das Mehl in einem vollen Strahl in das Gefäß; der letzte Zufluß erfolgt durch das Streuloch, bis das genaue Gewicht im Gefäß enthalten ist.

Die empfindlichsten Teile an der Wage, wie Regulierhebel, Abstufung, Wagebalken usw., sind in einem besonderen Raume untergebracht, der von dem übrigen Raum, in welchem sich naturgemäß bei der Mehlverwiegung verhältnismäßig viel Staub entwickelt, getrennt ist, so daß die nachteilige Staubablagerung auf ein Minimum reduziert ist.

Eine an der Wage befindliche Vorrichtung gestattet das Kontrollieren derselben sowohl bei vollem als auch bei leerem Gefäß.

Nachstehend beschriebene Wage verwiegt und registriert bei einer jedesmaligen Gefäßfüllung von 5 kg stündlich ca. 600 kg; dieselbe macht demnach 120 Entleerungen pro Stunde oder zwei pro Minute.

### Beschreibung der Mehlwage.

### Fig. 60—63.

Von den an der Mehlwage befindlichen Konstruktionselementen sind in erster Linie der zur Zuführung des Mehles ins Gefäß dienende Einlauf, das Gefäß $F$, die Gewichtschale $G$ und der Wagebalken $W$ zu nennen, des weiteren folgt der Regulierhebel $R$, die Abstufung $L$ und das Zählwerk $Z$, endlich ist die an der Wage befindliche Aufsatzvorrichtung für die Gewichtschale und die Vorrichtung zum Kontrollieren der Wage zu erwähnen.

Oberhalb der auf zwei Ständern ruhenden Tischplatte befindet sich der Kasten $t$, in dessen obere Öffnung der Blechzylinder $B$ einmündet. Durch letzteren wird das bei $E$ zugeführte Mehl mittels der Transportschnecke *S* in das Gefäß *F* geleitet. Die Transport-schnecke *S* macht ca. 100 Umdrehungen pro Minute und wird gewöhnlich mittels Transmission angetrieben.

In dem Zeitraum, in welchem die Zuführung des Mehles in das Gefäß infolge Geschlossenseins der Klappen *i* abgesperrt ist, sammelt sich das von der Schnecke inzwischen zuviel beförderte Mehl in dem Raume *w* an.

Die mittels Schieber verschließbare Öffnung *C* ermöglicht den Zugang zur Schnecke bei eventuell eingetretener Verstopfung am Einlauf *E*.

Die Absperrung des Hauptzuflusses erfolgt durch die innerhalb des Gehäuses *t* liegenden Klappen *i*, beide sind durch Zahnsegmente *d* verbunden.

Das Öffnen der Klappen *i* erfolgt durch das Gefäß *F*, indem beim Aufwärtsgehen desselben die oben am Gefäßgehänge *A* befindlichen Nocken mittels Rollen den auf der Klappenachse *u* befestigten Hebel *P* anheben. Die am Endpunkt des Hebels *P* befindliche Rolle wird in ihrer höchsten Lage durch den Hebel *K* (in Fig. 60 abgebrochen gezeichnet) gestützt.

Das Schließen der Klappen erfolgt ebenfalls durch das Gefäß, und zwar indem beim Abwärtsgehen desselben der in Fig. 61 am rechten Gefäßgehänge *A* befindliche linksseitige Nocken auf den Hebel *K* drückt, wodurch der Hebel *P* seinen Stützpunkt verliert und zurückfällt.

Die Streuung erfolgt durch das in der vorderen Stirnwand des Schneckengehäuses befindliche Streuloch *h*. Das Schließen des letzteren erfolgt beim Abwärtsgehen des Gefäßes, indem der in Fig. 61 am rechten Gefäßgehänge *A* befindliche rechtsseitige Nocken auf den Hebel *N* drückt, infolgedessen der Hebel *O* zurückfällt und dabei mittels Stange und Hebel die Klappe *a* vor das Streuloch schiebt.

Das Öffnen der Streuklappe geschieht beim Aufwärtsgehen des Gefäßes, indem der am Hebel *P* befindliche Stift *e* den Hebel *O* anhebt, bis die an letzterem befindliche Rolle sich auf dem Hebel *N* stützt.

Das Gefäß *F* zeigt eine große Abweichung von den bisher beschriebenen Formen; die Entleerung erfolgt hierbei durch Öffnen der Bodenklappe *V*, welche sich nach beendeter Entleerung des Gefäßes durch ihr eigenes Gewicht selbsttätig wieder schließt. Innerhalb des aus Weißblech hergestellten Gefäßes dürfen zwecks Vermeidung der Ansammlung von Staub keine scharfen Ecken vorhanden sein. Wie aus Fig. 61 ersichtlich, liegt das Gefäß mittels der beiden Gehänge *A*

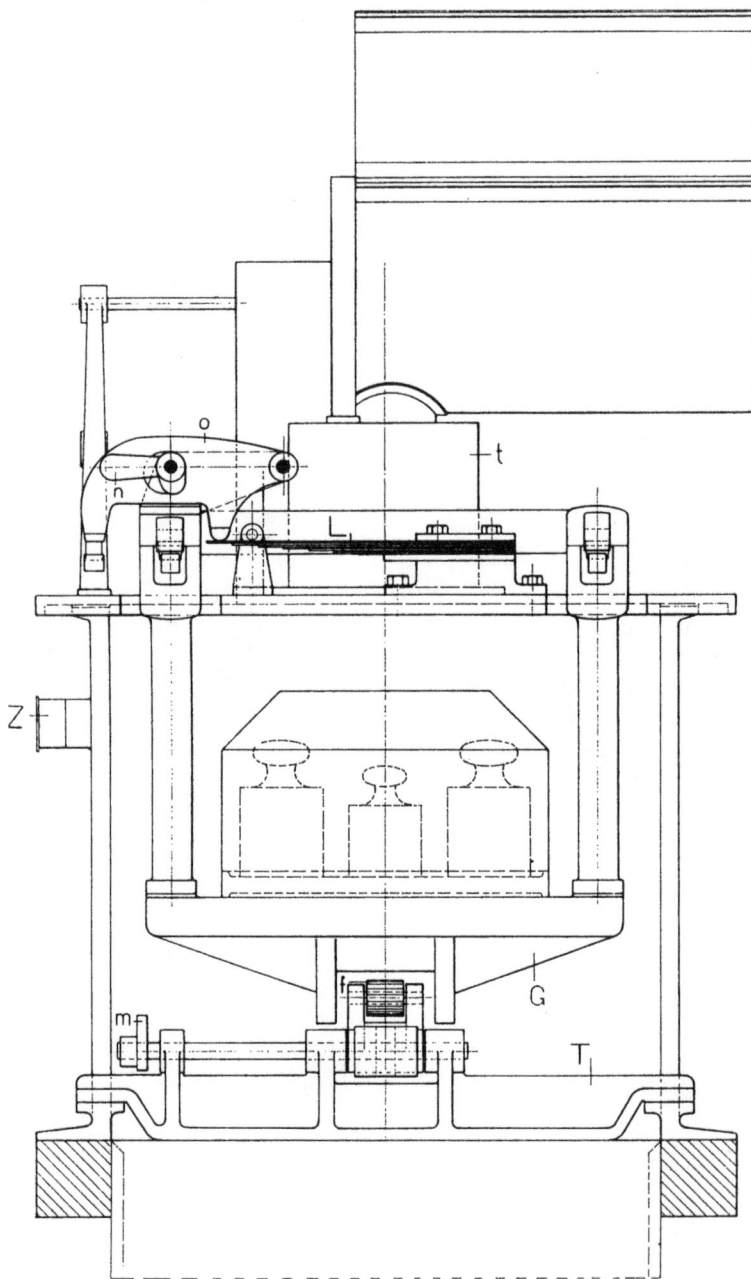

Fig. 62.

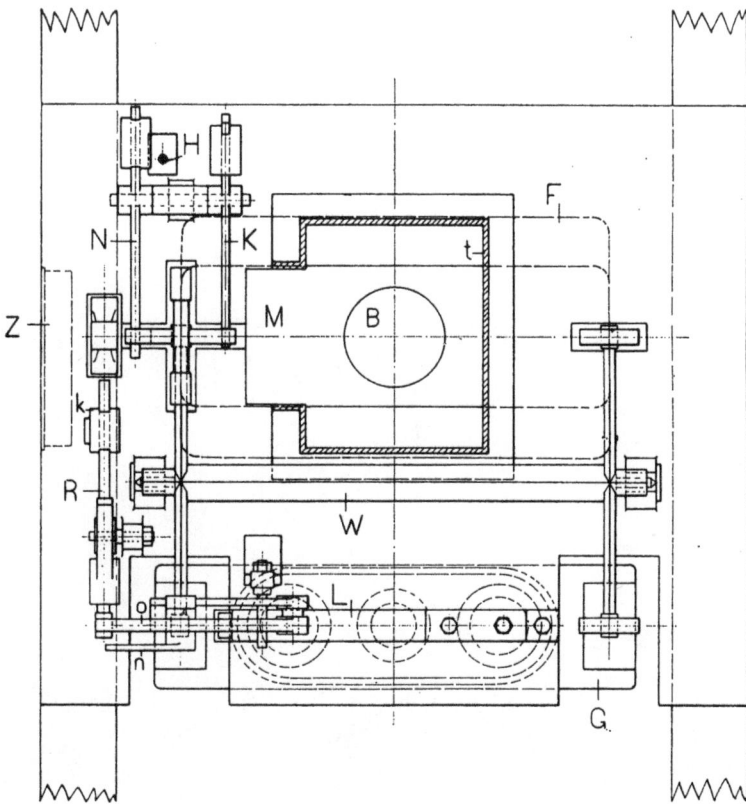

Fig. 63.

Druck und Verlag von R. Oldenbourg, München und Berlin.

auf den Schneiden des Wagebalkens *W*. Das an der linken Seitenwand befindliche Gewicht *g* dient als Ausgleich für die rechtsseitig gelagerte Klappe *V*. Die geschlossene Bodenklappe wird durch den an derselben befestigten sichelförmigen Hebel *X*, welcher gegen den am Gefäß befestigten Hebel *M* drückt, arretiert.

Das Öffnen der Bodenklappe *V* erfolgt nach dem Schließen der Streuklappe *a*, indem die am Hebel *O* befindliche, lose herabhängende Stange *H* den Hebel *M* abwärts drückt, infolgedessen der Hebel *X* seinen Stützpunkt verliert und das im Gefäß enthaltene Mehl auf die Bodenklappe drückt und dieselbe öffnet.

Durch das Auf- und Zuschlagen der Klappe *V* erfolgt durch den an letzterer befindlichen Stift *r* die Betätigung des Zählwerks *Z*.

Der am Ständer lose drehbar angebrachte Sicherheitshaken *Y* verhütet das vorzeitige Offengehen der Bodenklappe.

Die an der Gefäßwand befindliche Tür *c* ermöglicht den jederzeitigen Einblick und Zugang in das Gefäßinnere.

Die Gewichtschale *G* hat im allgemeinen die schon bekannte Form. Zwecks Vermeidung des Staubansammelns sind die Gewichtsteine, welche einer Gefäßfüllung von 5 kg gleich sind, unter einem mit spitzem Dach versehenen Gehäuse angeordnet. Das Austarieren der Wage erfolgt durch Ausgießen des Hohlraumes *D* mit Blei. Bei leerem Gefäß ruht die Gewichtschale auf der gußeisernen Traverse *T*, welche beide Ständer unten verbindet. Die in Fig. 60 u. 62 oben am Gewichtschalengehänge sichtbare Vorrichtung dient für die unten beschriebene Abstufung.

Der Wagebalken *W* hat ebenfalls die aus den vorigen Abschnitten bekannte Form, der an demselben befindliche, nach oben gerichtete Zeiger *z* zeigt den Ausschlag des Wagebalkens an. Die Anordnung der Lagerung des letzteren ist aus dem Grundriß Fig. 63 zu ersehen.

Die Regulierung der einzelnen Gefäßfüllungen erfolgt durch den Regulierhebel *R*. Derselbe drückt bei *o* gegen die Gewichtschale aufwärts; durch Versetzen des Schiebegewichts *k* wird dieser Druck vergrößert oder verringert, infolgedessen ein früheres oder späteres Schließen der Streuklappe erfolgt, wodurch die Füllungen im Gefäß leichter oder schwerer werden können. Das genaue Einstellen des Regulierhebels auf den mittleren Druck wird durch Ausfüllen mit Blei in die an der rechten Hebelseite befindliche Öffnung erreicht.

Die Anordnung der Abstufung zeigt Fig. 62. Der an dem Aufbau des Gewichtschalengehänges drehbar angeordnete Hebel *o* drückt auf die Abstufungsfeder *L*, welche aus mehreren Stahllamellen besteht

und auf der Tischplatte befestigt ist. Bei Beginn jeder einzelnen
Verwägung, also bei der tiefsten Stellung der Gewichtschale, ist der
Druck der Feder $L$ gegen erstere am größten, derselbe nimmt mit
zunehmender Gefäßfüllung ab und ist beim Beginn der Streuung
gleich Null.

Es sei an dieser Stelle auf den in der Einleitung dieses Buches
befindlichen Abschnitt »Regulierung und Abstufung« verwiesen; die
Größe der an dieser Abstufung und Regulierung wirkenden Kräfte
ist aus den Erläuterungen und Abbildungen an jener Stelle leicht
festzustellen.

Auf den Hebel $n$ wird beim Abschnitt »Kontrollieren der Wage«
zurückgegriffen werden.

Zum Schluß darf die unterhalb der Gewichtschale befindliche
Aufsetzvorrichtung nicht unerwähnt bleiben. Der Zweck derselben
ist, das Öffnen der Einlaufklappen $i$ zu verhindern, bevor die Bodenklappe $V$ des Gefäßes geschlossen ist. Infolge der beim Entleeren
des Gefäßes eintretenden Erleichterung desselben würde die Gewichtschale $G$ sofort beim Beginn der Entleerung das Aufwärtsgehen des
Gefäßes verursachen, die Folge wäre das vorzeitige Öffnen der Einlaufklappen $i$, ehe das Gefäß überhaupt entleert hat. Sobald sich
am Schluß einer jedesmaligen Verwiegung die Bodenklappe $V$ öffnet,
um das Gefäß entleeren zu lassen, legt sich die Rolle $f$ unter die Gewichtschale und stützt dieselbe solange, bis sich beim Schließen der
Bodenklappe $V$ die Rolle wieder zurücklegt, indem ein an der Gefäßklappe befindlicher Stutzen auf einen mit der Rolle in Verbindung
stehenden, gelenkartig ausgebildeten Hebel drückt. Die Stange $H$
hält mittels des Hebels $b$, welcher wiederum auf den Hebel $m$ drückt,
die Rolle $f$ solange zurück, bis sich die Streuklappe $a$ geschlossen hat.

Die bei der Verwiegung von Mehl naturgemäß auftretende Staubentwicklung erfordert eine sorgfältige Ummantelung der Wage; ebenso
ist eine gründliche Reinigung derselben von Zeit zu Zeit unerläßlich.

### Arbeitsweise der Mehlwage.
### Fig. 64—66.

Das zur Verwiegung gelangende Mehl wird dem Einlauf $E$ der
Wage zugeführt und mittels der Transportschnecke $S$ in den oberhalb
des Gefäßes $F$ mündenden Auslauf $B$ transportiert. Wie in der in
Fig. 64 gezeichneten Anfangsstellung ersichtlich, ruht die Gewichtschale $G$ unten auf der Traverse, die Abstufung $L$ drückt mit der

**Tauchnitz, Automatische Registrierwagen.**

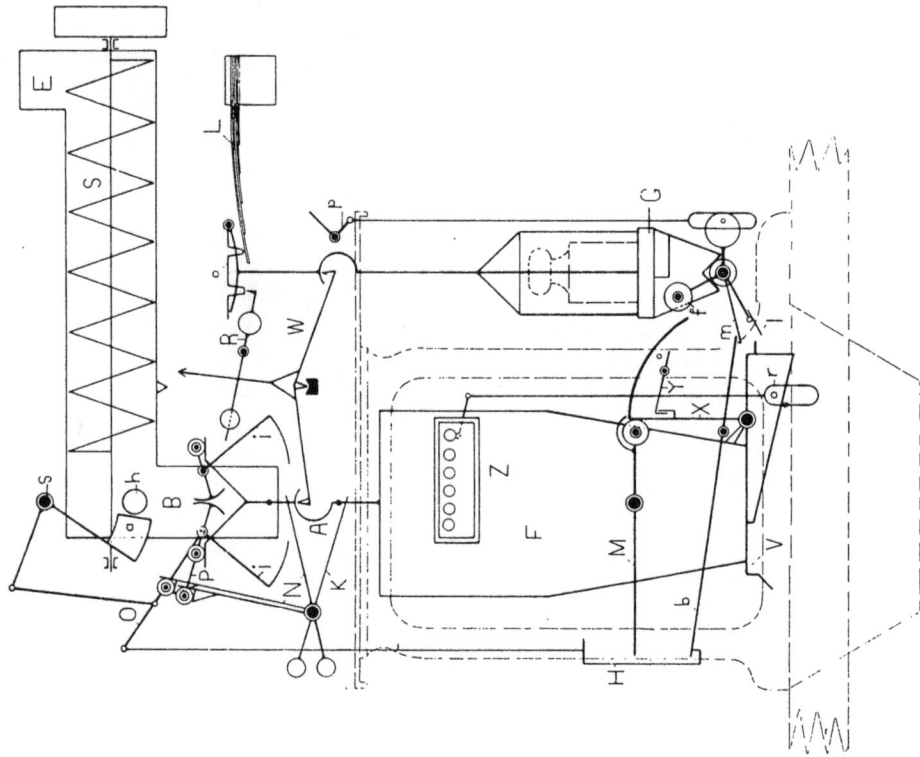

Fig. 64.

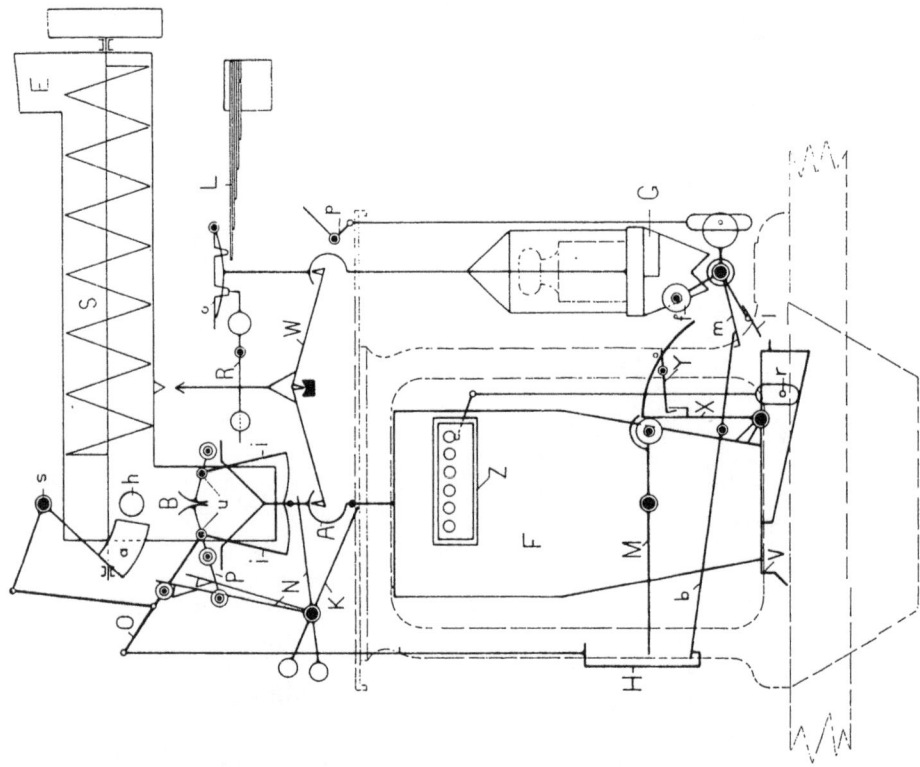

Fig. 65.

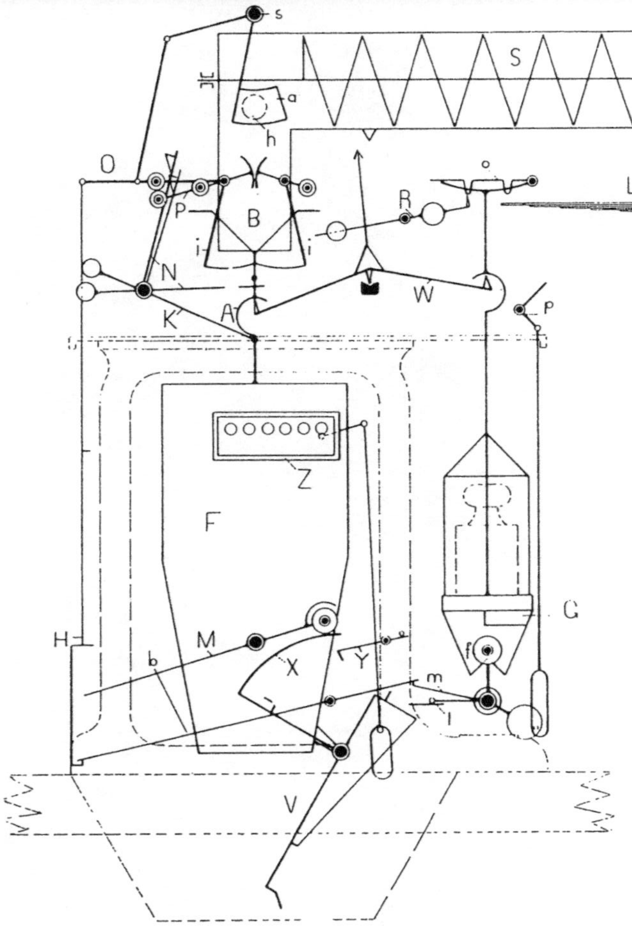

Fig. 67.

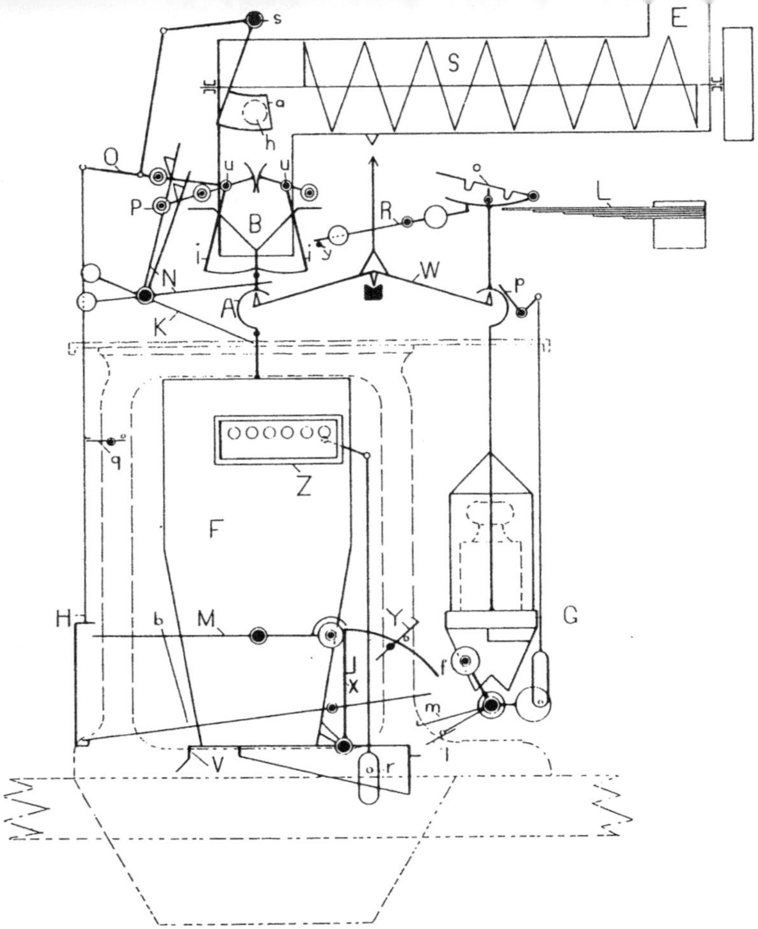

Fig. 66.

Druck und Verlag von R. Oldenbourg, München und Berlin.

größten Kraft gegen die Gewichtschale, beide Einlaufklappen $i$ und die Streuklappe $a$ sind geöffnet, so daß der Zufluß des Mehles in das Gefäß in voller Stärke erfolgen kann.

Das ins Gefäß fließende Quantum drückt im Verein mit der Abstufung $L$ das Gefäß $F$ nach abwärts, infolgedessen der am Gefäßgehänge $A$ befindliche Nocken (im Schema Fig. 64 unterhalb der Schneide gezeichnet) gegen den Hebel $K$ drückt, welcher durch Stützen des Klappenhebels $P$ die Klappen $i$ offen hält; derselbe wird allmählich von der an $P$ befindlichen Rolle entfernt und auf diese Weise das Schließen der beiden Klappen $i$ verursacht.

Die Stellung der Wage in diesem Moment zeigt Fig. 65. Die Abstufung $L$ hat ausgewirkt; der Regulierhebel $R$ drückt gegen die Gewichtschale aufwärts.

Der weitere Zufluß erfolgt jetzt nur noch durch das Streuloch $h$, bis die Füllung im Gefäß dem auf der Gewichtschale befindlichen Gewicht entspricht. In diesem Moment drückt das allmählich abwärts gehende Gefäß den Hebel $N$ mittels des am Gefäßgehänge $A$ befindlichen Nockens (oberhalb der Schneide gezeichnet) nach unten, derselbe löst sich von der Rolle am Hebel $O$ und verursacht dadurch das Schließen des Streuloches $h$ mittels der Streuklappe $a$. Beim Zuschlagen der letzteren schlägt die am Hebel $O$ befindliche Stange $H$ auf den am Gefäß befestigten Hebel $M$, welcher mittels des Hebels $X$ die Bodenklappe $V$ geschlossen hält; die ihres Stützpunktes beraubte Bodenklappe öffnet sich infolge des Drucks des im Gefäß befindlichen Materials, und das Gefäß kann entleeren.

Im Schema Fig. 66 ist die Stellung der Wage in diesem Moment klar ersichtlich.

Sofort nach dem Schließen der Streuklappe $a$ tritt die Aufsetzvorrichtung für die Gewichtschale in Tätigkeit. Wie aus den Fig. 64 und 65 hervorgeht, wird die Rolle $f$ mittels des Hebels $b$, welcher links auf der Stange $H$ aufliegt und rechts den Hebel $m$ angreift, in genügende Entfernung von der Gewichtschale gehalten. Nach dem Herunterfallen der Stange $H$ wird die Rolle $f$ mittels Kontergewicht unter die Gewichtschale befördert, letztere stützt sich unmittelbar nach Beginn der Gefäßentleerung darauf und verhindert auf diese Weise das Aufwärtsgehen des Gefäßgehänges $A$.

Die Rolle $f$ bleibt solange in dieser Lage, bis sich nach beendeter Entleerung des Gefäßes die Bodenklappe $V$ schließt und dabei durch Abwärtsdrücken des Hebels $l$ die Rolle $f$ von der Gewichtschale entfernt.

Durch die nun in ihre tiefste Lage zurückfallende Gewichtschale drückt das Gefäßgehänge $A$ gegen die am Klappenhebel $P$ befindliche Rolle, hebt die Hebel $O$ und $P$ an und stellt so den Zufluß ins Gefäß wieder her.

Die Hebel $N$ und $K$ legen sich selbsttätig unter die an $O$ und $P$ befindlichen Rollen; ferner hält der Hebel $b$ die Rolle $f$ zurück.

Die Wage befindet sich jetzt wieder in ihrer Anfangsstellung, und das Spiel beginnt von neuem.

### Kontrollieren der Mehlwage.

### Fig. 67.

Soll festgestellt werden, ob das bei jeder Gefäßentleerung am Zähler markierte Quantum von 5 kg tatsächlich im Gefäß enthalten ist, so ist es notwendig, die Wage zuerst bei entleertem Gefäß zu kontrollieren. Zunächst muß die Wage gereinigt werden, die Gewichte werden von der Gewichtschale heruntergenommen, alsdann wird der oben am Gewichtschalengehänge befindliche Hebel $n$ herumgedreht, wodurch der Hebel $o$ angehoben wird und die Gewichtschale außer Berührung mit der Abstufung $L$ und dem Regulierhebel $R$ kommt, letzterer legt sich bei $y$ auf (siehe Fig. 62). Darauf wird durch Anheben des Griffes $p$ die Rolle $f$ arretiert; die Stange $H$ wird mittels des Hebels $q$ in einer Lage gehalten, welche eine Berührung mit dem Hebel $M$ verhindert. Zum Schluß wird der Sicherheitshaken $Y$ herumgedreht und dadurch außer Berührung mit dem am Gefäß befestigten Hebel $X$ gebracht. Zeigt sich jetzt, daß die Wage im Gleichgewicht ist, so wird der betriebsfähige Zustand wieder hergestellt und eine Füllung im Gefäß aufgefangen, indem der Hebel $q$ vorher herumgedreht wird, um das volle Durchschlagen der Stange $H$ und damit das Öffnen der Bodenklappe am Gefäß zu verhindern. Darauf werden die genannten Manipulationen wieder vorgenommen, so daß Wagebalken nebst Gefäß und Gewichtschale außer Berührung mit irgendeinem Teil der Wage sind. Giebt jetzt der am Wagebalken befindliche Zeiger einen Ausschlag nach links, so ist die Gefäßfüllung so schwer. In diesem Falle wird das am Regulierhebel befindliche Schiebegewicht nach links verschoben, weil dadurch der vom Regulierhebel gegen die Gewichtschale ausgeübte Druck vergrößert wird, infolgedessen dieselbe schneller aufwärts geht und ein früheres Schließen der Streuklappe verursacht, wodurch naturgemäß die Gefäßfüllung kleiner wird.

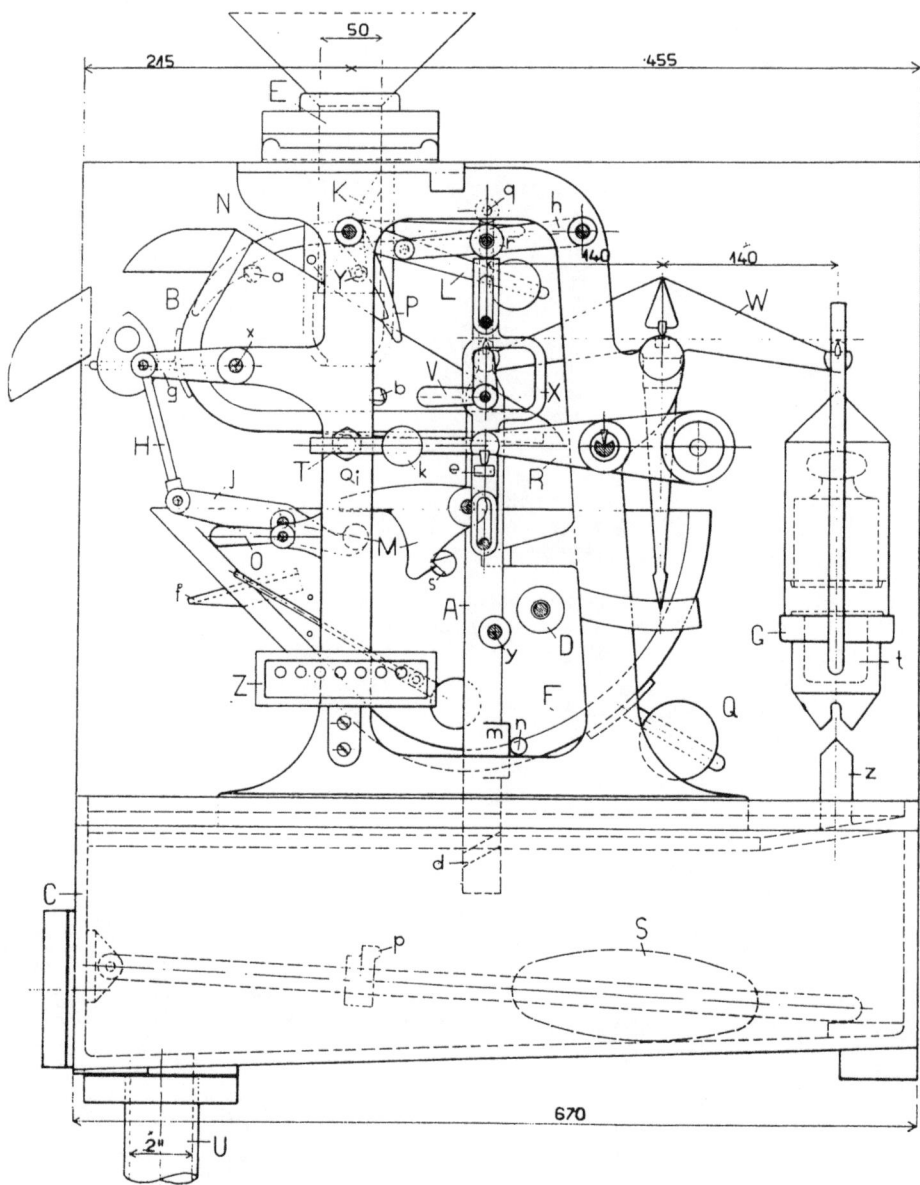

Fig. 68.

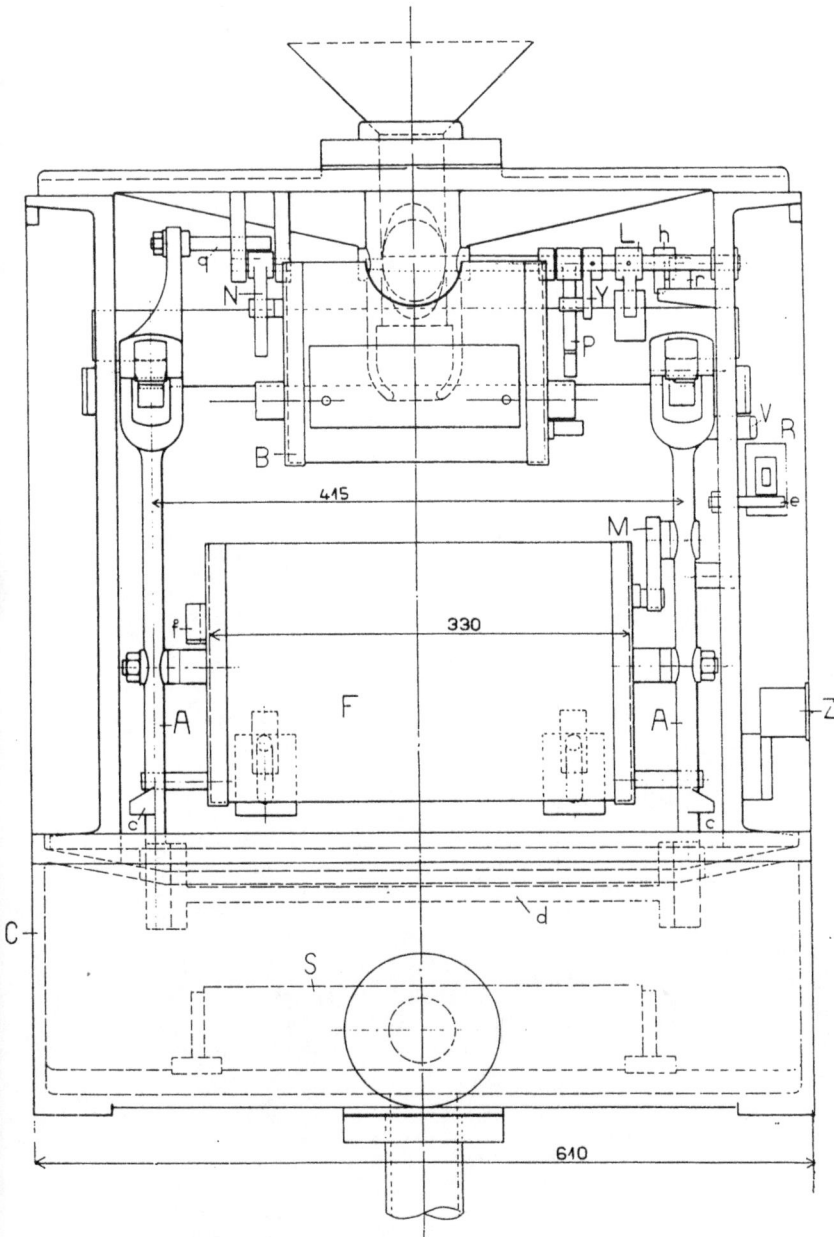

Fig. 69.

Druck und Verlag von R. Oldenbourg, München und Berlin.

Ist die Füllung dagegen zu leicht, so muß das Schiebegewicht nach rechts verschoben werden. — Das Kontrollieren muß jedesmal geschehen, wenn eine neue Mehlart zur Verwiegung kommt.

---

# V. Automatische Wage für Öl.
## Fig. 68—73.

Eine zum Verwiegen von flüssigen Substanzen aller Art, wie Petroleum, Öl usw., dienende Wage zeigen die Fig. 68 u. 69. Wie bei allen automatischen Wagen, welche zur Verwiegung von fein- oder grobkörnigen, sand- oder mehlartigen Substanzen dienen, der erste Zufluß des zu verwiegenden Materials ins Gefäß so stark wie möglich ist, die Genauigkeit in der Verwägung aber durch die am Schlusse einer jedesmaligen Gefäßfüllung eintretende Streuung erreicht wird, so erfolgt auch bei der automatischen Flüssigkeitswage der erste Zufluß in einem vollen, der letzte in einem feinen Strahl. Aus dieser Anordnung folgt, daß an der Wage eine Abstufung und eine Vorrichtung zum Regulieren der einzelnen Gefäßfüllungen sein muß. Des weiteren befindet sich an der Wage eine Vorrichtung, welche das Kontrollieren der Wage sowohl bei entleertem als auch bei gefülltem Gefäß gestattet.

Die nachstehend beschriebene automatische, eichfähige Ölwage verwiegt und registriert bei einer jedesmaligen Gefäßentleerung von 10 kg pro Stunde ca. 2000 kg; dieselbe macht demnach rd. 200 Entleerungen in diesem Zeitraum oder ca. drei pro Minute.

## Beschreibung der Ölwage.
### Fig. 68 u. 69.

Von den an der Wage befindlichen Hauptteilen ist wie üblich zunächst der zur Zuführung des zu verwiegenden Materials dienende Einlauf $E$ nebst seinen Absperrmechanismen zu nennen, es folgt das Gefäß $F$ nebst Gehänge $A$, die Gewichtschale $G$, der Wagebalken $W$, ferner der Regulierhebel $R$ und der Schwimmer $S$.

Der oberhalb der Wage befindliche Einlauf $E$ bildet mit den beiden Ständern, welche auf dem kastenförmigen Untersatz $C$ befestigt

sind, das feste Gestell der Wage. Das Absperren des Hauptzuflusses
erfolgt durch die innerhalb des zylinderförmigen Einlaufes angeordnete Drosselklappe $K$, indem beim Abwärtsgehen des Gefäßes der
auf der Klappenachse befestigte Hebel $L$ durch Vermittlung des
Hebels $h$ sich senkt. Auf dieselbe Weise erfolgt auch das Öffnen der
Drosselklappe beim Aufwärtsgehen des Gefäßes nach erfolgter Entleerung desselben.

Die Streuung erfolgt durch die in der Drosselklappe befindliche
Öffnung $o$; für die Absperrung der Streuung dient das bei $x$ drehbar
angeordnete Gefäß $B$. Fig. 68 zeigt die Lage des letzteren während
der Streuperiode. Die beide Ständer verbindende Traverse $T$ dient
zur Auflage des Gefäßes in dieser Stellung. Die Absperrung erfolgt
beim Abwärtsgehen des Gefäßes $F$, indem der am linksseitigen Gefäßgehänge $A$ oben befindliche Stift $q$ den Hebel $N$ abwärts drückt,
letzterer löst sich von der am Gefäß $B$ befindlichen Schneide $a$, und
ein Kontergewicht drückt das Gefäß nach oben, bis der lose auf der
Klappenachse gelagerte Hebel $P$ in die Schneide $b$ eingreift. Das
inzwischen durch die Öffnung $o$ einfließende Öl wird durch einen am
Gefäß $B$ angebrachten Auslauf in einen außerhalb der Wage befindlichen Behälter geleitet und von da aus dem Einlauf $E$ wieder zugeführt.

Die Wiederherstellung des Zuflusses in das Gefäß erfolgt beim
Aufwärtsgehen des Gefäßgehänges $A$, indem beim Öffnen der Drosselklappe $K$ der auf der Klappenachse befestigte Hebel $Y$ den Hebel $P$
von der Schneide $b$ löst; durch das Gewicht des durch die Öffnung $o$
ins Gefäß $B$ geflossenen Öles wird das Gefäß herabgedrückt und von
dem Hebel $N$, welcher in die Schneide $a$ greift, arretiert.

Das zur Aufnahme des zu verwiegenden Öles dienende Gefäß $F$
ist zwischen den beiden Gehängen $A$ bei $y$ mittels Bolzen lose drehbar gelagert. Das Gehänge selbst liegt mittels Pfannen lose auf den
Schneiden des Wagebalkens $W$. Das Entleeren des Gefäßes geschieht
durch Umkippen desselben, letzteres erfolgt unmittelbar nach dem
Absperren der Streuung durch das obere Gefäß $B$, indem der an demselben befindliche Arm $g$ mittels der Stange $H$ und des Hebels $J$ den
am Gehänge $A$ drehbaren Gefäßhaken $M$ von der Schneide $s$ löst.
Das Zurückschlagen des Gefäßes nach erfolgter Entleerung geschieht
selbsttätig vermittelst der beiden Gewichte $Q$.

Beim Um- und Zurückschlagen des Gefäßes erfolgt auch die
Betätigung des Zählwerks $Z$, indem der an letzterem befindliche
Arm eine Hin- und Herbewegung macht. Das Zählwerk markiert
die stattgefundene Entleerung durch Weiterzählen um 10 kg.

Die beim Abschnitt »Mehlwage« erwähnte Aufsetzvorrichtung, welche dort unterhalb der Gewichtschale angeordnet ist, soll bekanntlich das Öffnen des Zuflusses verhindern, bevor das Gefäß $F$ ganz entleert hat und in seine alte Lage zurückgegangen ist. Derselbe Zweck wird bei der Ölwage durch die am Gefäß befindliche Rolle $D$ und den Schwimmer $S$ erreicht. Letzterer besteht aus einem hohlen Blechkörper, welcher mittels zweier Stangen an der linken Wand des Untersatzes $C$ drehbar befestigt ist. Beim Umkippen des Gefäßes $F$ legt sich die Rolle $D$ unter den am Ständer angegossenen Vorsprung; infolge des sich im Untersatz $C$ ansammelnden Öles wird der Schwimmer $S$ angehoben. Das Aufwärtsgehen des Gefäßgehänges $A$, bevor das Zurückschlagen des Gefäßes $F$ erfolgt, und damit das vorzeitige Öffnen der Drosselklappe $K$ wird nun dadurch verhindert, daß der am Gefäß befindliche Anschlag $f$ solange gegen den Nocken $p$ drückt, bis der Schwimmer $S$ infolge des bei $U$ abgelaufenen Öles sinkt und mit ihm der Nocken $p$. In der umgekippten Stellung liegt das Gefäß auf der beide Gehänge unten verbindenden Traverse $d$ auf; beim Zurückschlagen stößt der Stift $n$ des Gefäßes gegen den Anschlag $m$ des Gehänges, erst beim Füllen des Gefäßes legt sich die Schneide $s$ gegen den Gefäßhaken $M$.

Auf den am vorderen Gehänge $A$ befindlichen Schlitten $X$ drückt oben die Rolle $r$ des Hebels $h$, während auf den Bolzen $e$ der Regulierhebel $R$ wirkt. Der Griff $V$ sowohl wie der mit $O$ bezeichnete des Hebels $J$ werden nur beim Kontrollieren der Wage benutzt.

Die Gewichtschale $G$ hat die schon bekannte Form; nach beendeter Entleerung des Gefäßes liegt dieselbe unten bei $z$ auf. Das Austarieren der Gewichtschale geschieht durch Ausfüllen des Hohlraums $t$ mit Blei. Der Wagebalken ist ein gleicharmig-symmetrischer mit einem nach unten gerichteten Zeiger.

Die Regulierung der einzelnen Gefäßfüllungen erfolgt durch den Regulierhebel $R$. Derselbe drückt bei $e$ gegen das Gehänge abwärts; durch Versetzen des Schiebegewichts $k$ können die Gefäßfüllungen vergrößert oder verkleinert werden. Das Einstellen des Regulierhebels auf den mittleren Druck wird durch Ausfüllen mit Blei in den am rechten Hebelarm befindlichen Hohlraum erreicht.

Als Abstufung dient bei dieser Wage der mit einem Gewicht beschwerte Hebel $L$. Letzterer und die Drosselklappe $K$ sind auf derselben Achse befestigt, der Hebel $L$ drückt vom Beginn der Verwägung bis kurz vor dem Schluß der Drosselklappe mittels der Rolle $r$ und des Hebels $h$ auf das Gefäßgehänge abwärts. Im Gegensatz zu

den bisher kennen gelernten Abstufungen erfolgt hierbei der Druck
derselben gegen das Gefäßgehänge mit gleichbleibender Kraft; da
sich jedoch mit dem Abwärtsgehen des Gehänges die Drosselklappe
allmählich schließt und infolgedessen der Druck des ins Gefäß fließenden Materials relativ abnimmt, so ist das Endresultat dasselbe
wie bei den Abstufungen, bei denen der Zufluß konstant bleibt und
der Druck der Abstufung abnimmt.

### Arbeitsweise der Ölwage.
### Fig. 70—72.

Das zu verwiegende Öl usw. wird dem Einlauf E der Wage zugeführt und füllt zuerst das obere Gefäß B. Die Stellung der Wage
beim Beginn jeder einzelnen Verwägung ist aus der Fig. 70 ersichtlich. Die Gewichtschale G ruht auf dem Nocken z; das in seiner höchsten Stellung befindliche Gefäßgehänge A hält die Drosselklappe ganz
geöffnet, so daß das Öl in vollem Strahl in die Wage fließt. Sobald
das Gefäß B gefüllt ist, schlägt es herunter und wird von dem Hebel N
arretiert. Das bei E einfließende Öl nimmt jetzt seinen Weg durch das
Gefäß B in das Gefäß F. Durch das Gewicht des in letzteres zuströ-
mende Öl wird der Schwerpunkt des Gefäßes nach links verlegt, der
Anschlag n des Gefäßes entfernt sich vom Gehänge bei m, und das
Gefäß legt sich mit seiner Schneide gegen den Gefäßhaken M.

Das ins Gefäß geflossene Öl im Verein mit dem als Abstufung wirkenden Hebel L, welcher durch Vermittlung des Hebels h auf das Gefäßgehänge A drückt, verursacht ein langsames Senken des Gefäßgehänges, die Drosselklappe schließt sich infolgedessen allmählich, und der
weitere Zufluß erfolgt dann nur noch durch die in der Drosselklappe
befindliche Öffnung o. Die Stellung der Wage in der jetzt eingetretenen
Streuperiode zeigt Fig. 71. Die Abstufung ist jetzt außer Tätigkeit;
der Regulierhebel R und der durch die Öffnung o eintretende feine Strahl
drücken das Gefäßgehänge weiter nach abwärts, bis der am hinteren
Gehänge befindliche Stift q den Hebel N von der Schneide des Gefäßes
B löst, infolgedessen das an letzterem angebrachte Kontergewicht dasselbe hebt und dadurch den weiteren Zufluß in das Gefäß absperrt.

Durch das Zuschlagen des Gefäßes B geht auch der an demselben
befindliche Arm g abwärts, die daran hängende Stange H drückt auf
den Hebel J, welcher wiederum den Gefäßhaken M anhebt, denselben
von der Schneide des Gefäßes löst und dadurch letzteres zum Umkippen und Entleeren bringt.

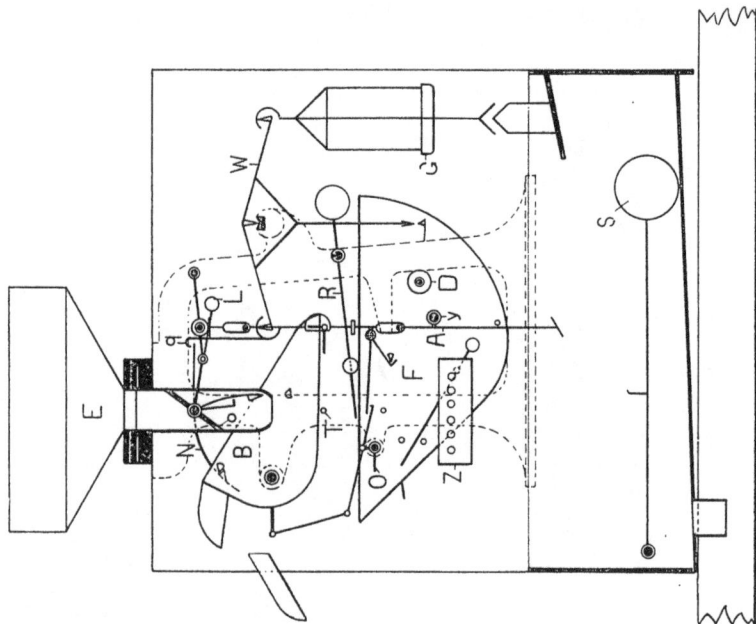

Fig. 71.

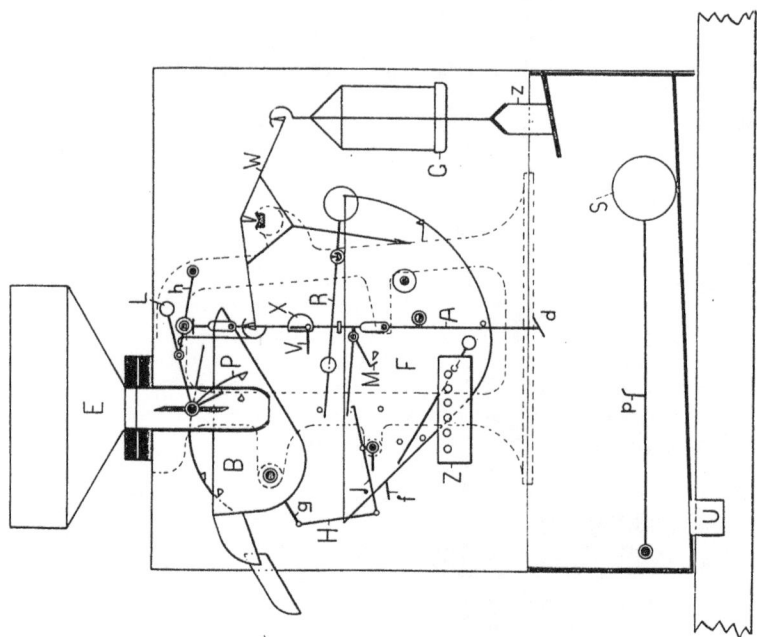

Fig. 70.

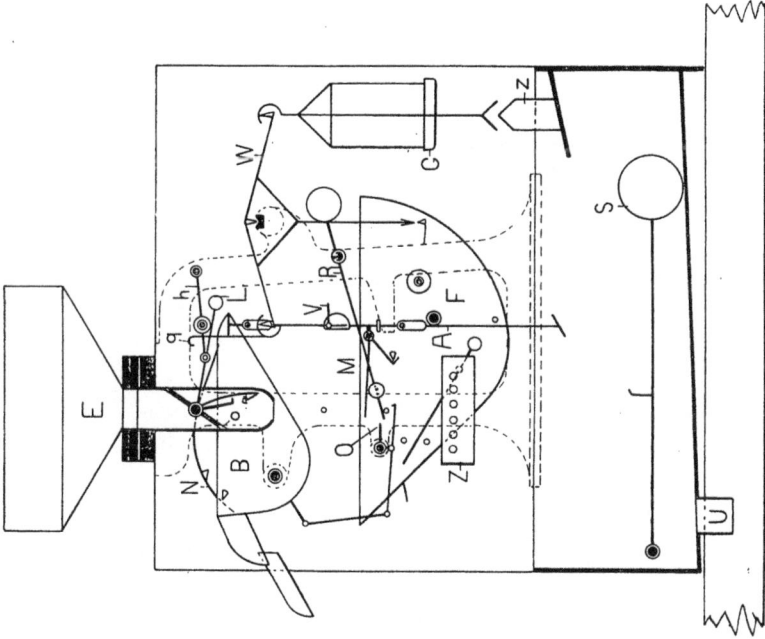

Fig. 73.

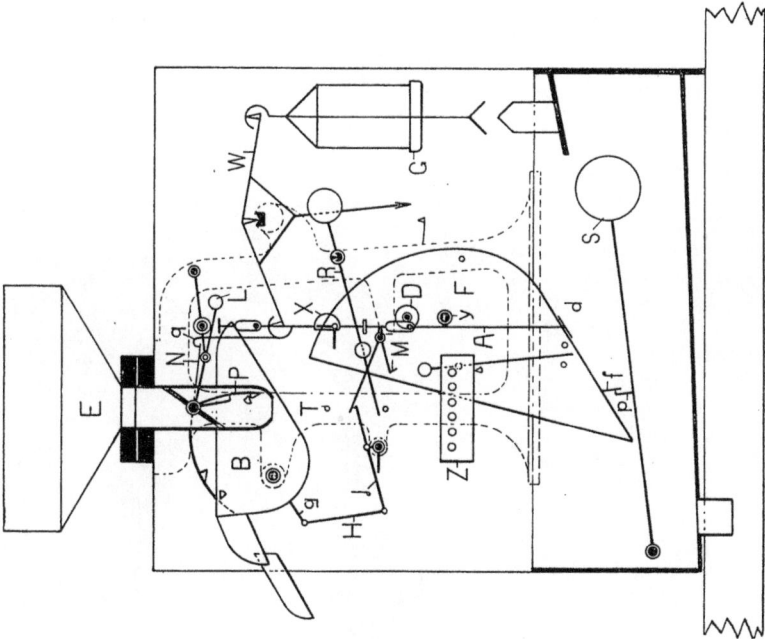

Fig. 72.

Druck und Verlag von R. Oldenbourg, München und Berlin.

Die Stellung der Wage in diesem Moment zeigt Fig. 72. Das Gefäß *B* ist von dem Hebel *P* arretiert; etwa durch die Öffnung *o* zuviel einfließendes Öl wird durch einen Ausguß nach außen geleitet. Die Rolle *D* des Gefäßes *F* legt sich unter den am Ständer befindlichen Nocken; das umgekippte Gefäß liegt bei *d* auf. Das aus letzterem in den Untersatz geflossene Öl bewirkt ein schnelles Steigen des Schwimmers *S*; der am Arm desselben befindliche Nocken *p* legt sich gegen den Anschlag *f* des Gefäßes, infolgedessen dasselbe solange in dieser Stellung verharren muß, bis das im Untersatz enthalten gewesene Öl durch den Auslauf *U* abgelaufen ist. Alsdann beginnt der Schwimmer zu fallen, sobald sich der Nocken *p* von dem Anschlage *f* entfernt hat, schlägt das Gefäß selbsttätig zurück, bis zur Berührung der Anschläge *m* und *n*. Die Gewichtschale zieht das mit dem entleerten Gefäß belastete Gehänge *A* nach aufwärts, wobei das letztere die Drosselklappe öffnet.

Die Wage befindet sich jetzt wieder in der Anfangsstellung und das Spiel derselben beginnt von neuem.

## Kontrollieren der Ölwage.
### Fig. 73.

Beim Kontrollieren einer Gefäßfüllung muß die Wage zunächst im entleerten Zustande auf ihre Genauigkeit geprüft werden. Zuerst werden die Gewichtsteine von der Gewichtschale entfernt, alsdann wird durch Herumdrehen des am Gehänge *A* befindlichen Griffes *V* der Schlitten *X* nach abwärts geschoben, wodurch das Gefäßgehänge *A* außer Berührung mit dem Regulierhebel *R* und der Rolle des Hebels *h* kommt. Zuletzt wird der Hebel *O* herumgedreht und dadurch die Berührung des Hebels *J* mit dem Gefäßhaken *M* verhindert. Zeigt jetzt der Zeiger am Wagebalken *W* keinen Ausschlag an, so ist die Wage selbst in Ordnung; andernfalls muß dieselbe austariert werden, was bekanntlich durch Erleichtern oder Beschweren der Gewichtschale geschieht. Ist die Wage in Ordnung, so wird der betriebsfähige Zustand wieder hergestellt und dann eine beliebige Füllung im Gefäß *F* aufgefangen, indem vorher der Hebel *O* in die in Fig. 73 gezeichnete Stellung gebracht wird. Dann wird noch der Hebel *V* herumgedreht. Zeigt der Zeiger jetzt auf den auf der Skala befindlichen Strich, so ist die Gefäßfüllung richtig; beim Ausschlagen des Zeigers nach rechts ist die Füllung zu schwer. In diesem Fall muß das am Regulierhebel befindliche Schiebegewicht nach links verschoben werden, weil sich dadurch der Druck des Regulierhebels auf das Gefäßgehänge vergrößert, infolgedessen dasselbe schneller abwärts geht und die Klappe $B$ früher schließt, wodurch wiederum die Füllung im Gefäß kleiner wird.

Ist die Füllung dagegen zu leicht, so ist das Schiebegewicht nach rechts zu verschieben, weil dann der entgegengesetzte Fall, wie eben beschrieben, eintritt.

# VI. Automatische Wage für Rohzucker.

## Fig. 74 u. 75.

Die in den Fig. 74 u. 75 dargestellte Wage zeigt eine Type, wie sie in Zuckerfabriken zur automatischen Verwiegung von Rohzucker vielfach in Gebrauch ist. Rohzucker ist ein gelblich-kristallinisches Pulver, klebt etwas und läuft infolgedessen schlecht. Aus letzterem Grunde wird das zu verwiegende Material durch ein im Einlauf der Wage befindliches Rührwerk geleitet, weil dadurch das Zusammenbacken des Materials und daraus entstehende etwaige Verstopfung des Einlaufes oder auch nur des Streuloches vermieden wird. Die Arbeitsweise der Wage ist insofern die gleiche wie bei der Getreide- und Mehlwage, als der erste Zufluß in das Gefäß in einem vollen Strahl, der letzte durch ein in den inneren Klappen befindliches Streuloch erfolgt. Die Regulierung und Abstufung geschieht in derselben Weise wie bei der Mehlwage, erstere mittels einfachen Regulierhebels, letztere mittels Feder. Die große Ähnlichkeit der Rohzuckerwage mit der Mehlwage äußert sich besonders beim Gefäß, der Gewichtschale und der Aufsetzvorrichtung für dieselbe.

Die nachstehend beschriebene Wage ist für eine jedesmalige Gefäßfüllung von 100 kg eingerichtet, macht in der Minute etwa zwei Entleerungen, verwiegt und registriert demnach pro Stunde ca. 12 000 kg.

## Beschreibung der Rohzuckerwage.

Von den an der Wage befindlichen Hauptteilen, diese sind der Einlauf nebst Absperrmechanismus, der Wagebalken $W$, das Gefäß $F$, der Regulierhebel $R$, die Abstufung $L$ und die Gewichtschale $G$, er-

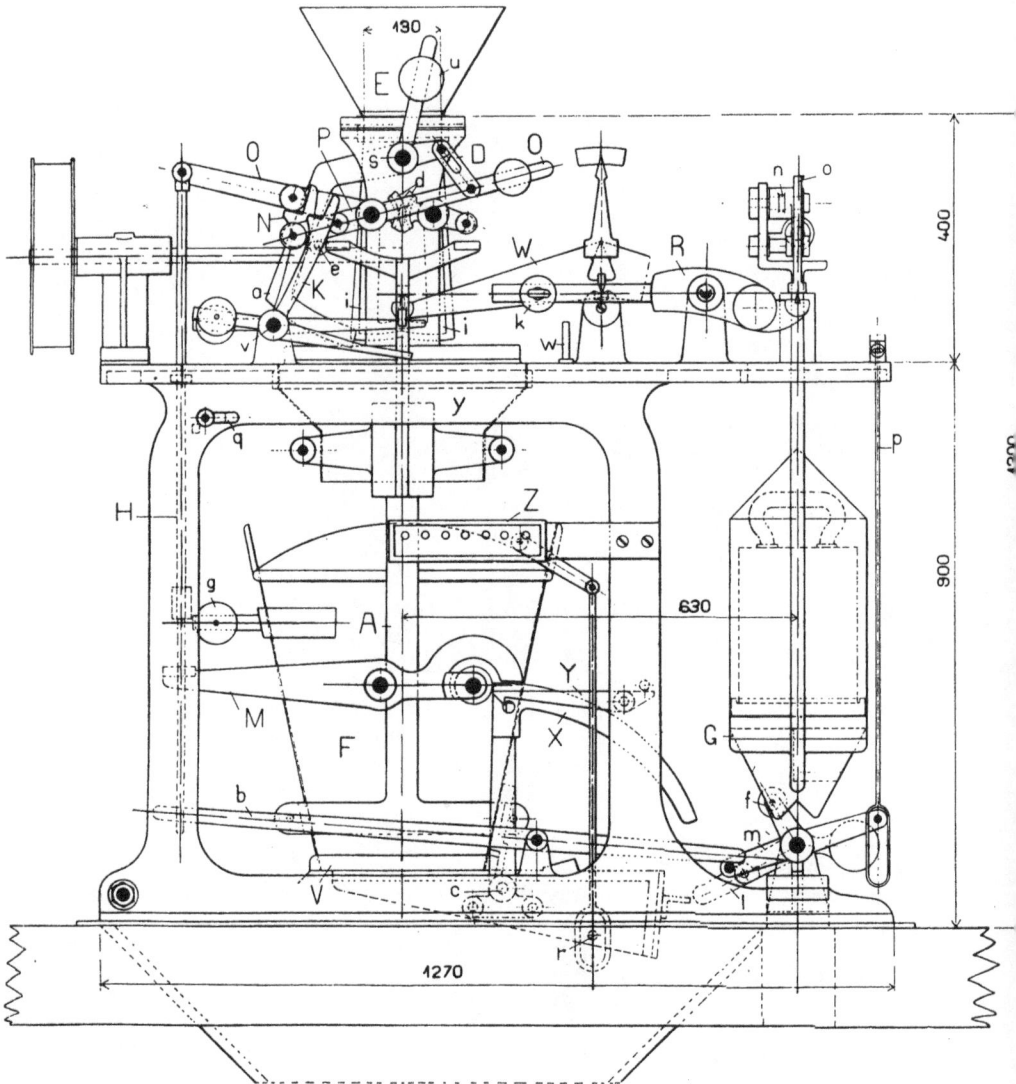

Fig. 74.

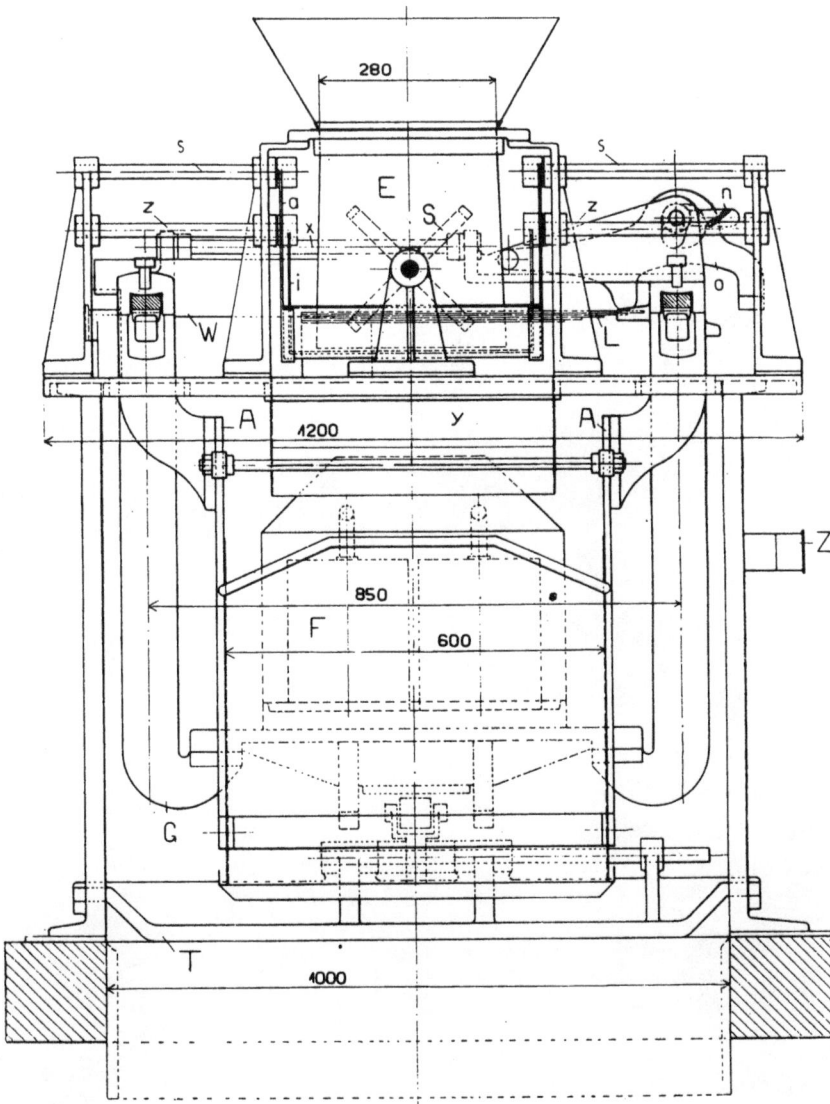

Fig. 75.

Druck und Verlag von R. Oldenbourg, München und Berlin.

fordert nur die zuerst erwähnte Einlaufvorrichtung eine nähere Erläuterung; die übrigen Teile sind dieselben wie an der Mehlwage; da dieselben in jenem Abschnitt ausführlich beschrieben wurden, so kann an dieser Stelle davon abgesehen werden.

Oberhalb der auf zwei Ständern ruhenden Platte befindet sich, auf zwei Böcken gelagert, der Einlauf $E$. Letzterer ist aus starkem Weißblech gefertigt, hat im Querschnitt ovale Form und erweitert sich nach unten, damit das Festsetzen des zu verwiegenden Materials möglichst vermieden wird. Unterhalb des Einlaufes $E$ ist in der Tischplatte eine Öffnung; der an derselben befindliche Trichter $y$ bewirkt eine bessere Zuführung des Wägematerials in das Gefäß $F$ der Wage. Das Rührwerk $S$ im Innern des Einlaufes $E$ wird mittels Riemscheibe angetrieben. Das Absperren des Zuflusses am Einlauf erfolgt mittels der beiden mit Streulöchern versehenen Klappen $i$ und der Streuklappe $a$. Die auf den Achsen $z$ befestigten Klappenschilder der ersteren sind mittels Zahnsegmente $d$ verbunden; die Klappe $a$ ist auf der Achse $s$ befestigt und dient zum vollständigen Abschluß des Zuflusses. Das Öffnen der Klappen erfolgt durch das Gefäßgehänge $A$, indem beim Aufwärtsgehen des Gefäßes nach erfolgter Entleerung desselben die oberhalb am Gehänge befindlichen Stutzen die auf den Achsen $z$ befestigten Hebel anheben, wodurch zunächst die inneren Klappen $i$ geöffnet werden; der am Hebel $P$ befindliche Stift $e$ hebt den auf der gemeinsamen Achse lose drehbaren Hebel $O$ an; die an letzteren angebrachte Stange $D$ bewirkt dadurch das Öffnen der äußeren Klappe $a$. Das Schließen der Klappen erfolgt ebenfalls durch das Gefäßgehänge, indem die am rechten Gefäßgehänge befindlichen Nocken (siehe Fig. 75) die Hebel $N$ und $K$ abwärts drücken; die ihrer Stützpunkte beraubten Klappen $a$ und $i$ schließen sich infolgedessen. Der auf der Achse $s$ befestigte Hebel mit dem Gewicht $u$ bewirkt lediglich schnelleres und sichereres Zuschlagen der Streuklappe $a$.

### Arbeitsweise der Rohzuckerwage.

Das zu verwiegende Material wird dem Trichter oberhalb des Einlaufes $E$ der Wage mittels Elevator od. dgl. zugeführt und fließt ins Gefäß $F$. Beim Beginn jeder einzelnen Verwiegung ruht die Gewichtschale $G$ unten auf der Traverse $T$; die beiden inneren $i$ sowie die äußere Klappe $a$ sind geöffnet, so daß sich das Wägematerial in voller Stärke in das Gefäß $F$ ergießen kann. Durch das Gewicht des ins Gefäß geflossenen Materials sowie durch die Abstufung, welche beim Beginn jeder Verwägung ihren größten Druck gegen die Gewichtschale aufwärts ausübt, wird ein allmähliches Aufwärtsgehen der Gewichtschale $G$ bzw. Abwärtsgehen des Gefäßes $F$ bewirkt; der Wagebalken $W$ gerät also in Schwingung. Bei entsprechender Gefäßfüllung drückt der am Gefäßgehänge befindliche rechtsseitige Nocken den Hebel $K$ abwärts; die ihrer Unterstützung beraubten inneren Klappen schließen sich infolge ihrer eigenen Schwere.

Jetzt beginnt die Tätigkeit des Regulierhebels $R$, welcher bis zum Schluß jeder einzelnen Verwägung mit gleichbleibender Kraft gegen die Gewichtschale aufwärts drückt. Nach dem Schließen der beiden inneren Klappen $i$ erfolgt der weitere Zufluß in das Gefäß durch zwei Streulöcher, die sich im Blech der inneren Klappen befinden, bis die Gefäßfüllung genau dem auf der Gewichtschale befindlichen Gewicht gleich ist, worauf das Schließen der äußeren Klappe $a$ in derselben Weise wie das der Klappen $i$ erfolgt, nämlich indem der am Gefäßgehänge befindliche linksseitige Nocken den Hebel $N$ abwärts drückt, worauf der Hebel $O$ mittels der Stange $D$ die Klappe $a$ zudrückt. Durch den herabfallenden Hebel $O$ erfolgt gleichzeitig das Öffnen der Bodenklappe $V$ des Gefäßes $F$, indem die am Endpunkt des ersteren hängende Stange $H$ auf den Hebel $M$ schlägt, dessen am anderen Ende befindliche Rolle sich von dem an der Bodenklappe befestigten Hebel $X$ entfernt, worauf sich die Klappe $V$ öffnet und das Gefäß seinen Inhalt ausschüttet. Beim Öffnen der Bodenklappe tritt die Aufsetzvorrichtung für die Gewichtschale in Tätigkeit, indem sich die Rolle $f$ unter die Gewichtschale legt und dieselbe bis zum Schließen der Bodenklappe hochhält. Die nach dem Fortgleiten der Rolle herabfallende Gewichtschale zieht das Gefäß aufwärts; die Nocken des Gefäßgehänges drücken gegen die auf den Achsen $z$ befestigten Hebel, worauf sich die Klappen $a$ und $i$ öffnen und das Spiel der Wage von neuem beginnt.

Bezüglich des Kontrollierens der Wage sowie des Regulierens der Gefäßfüllungen sei auf den Abschnitt »Mehlwage« verwiesen; die an jener Stelle genannten Manipulationen gelten auch für die Rohzuckerwage.

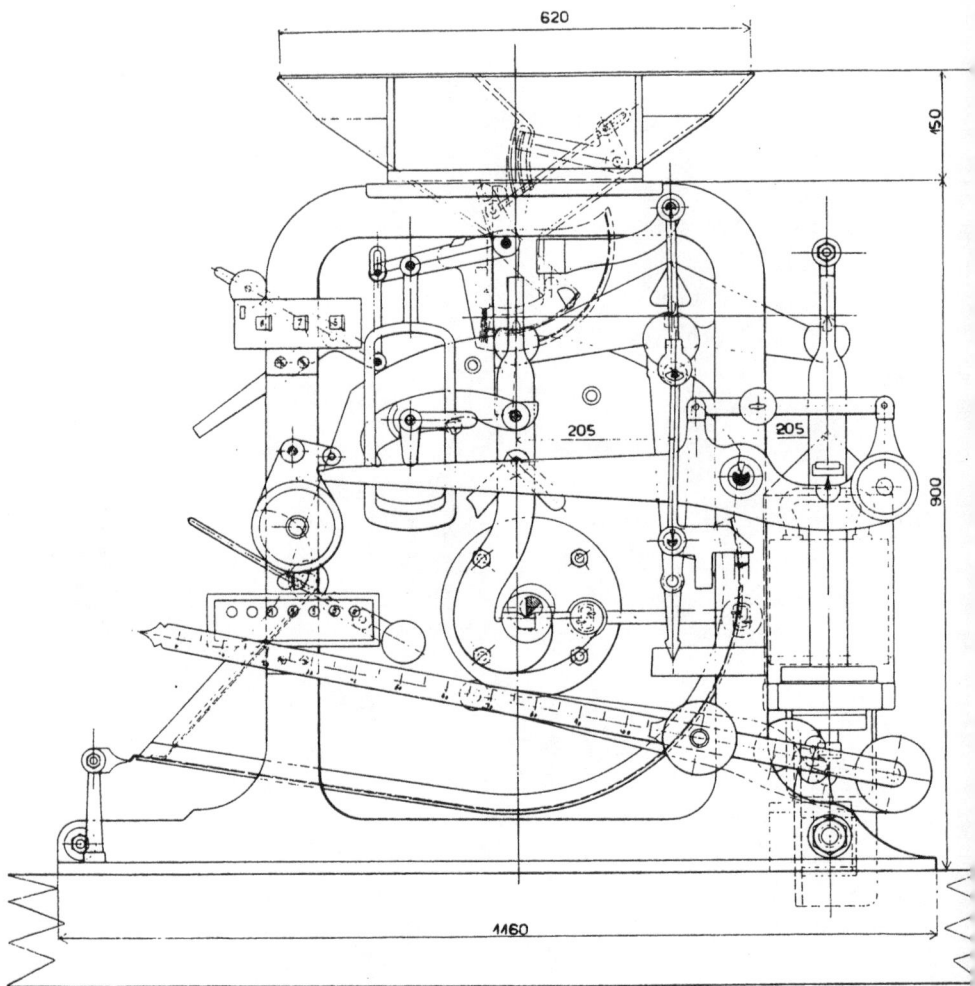

Fig. 76.

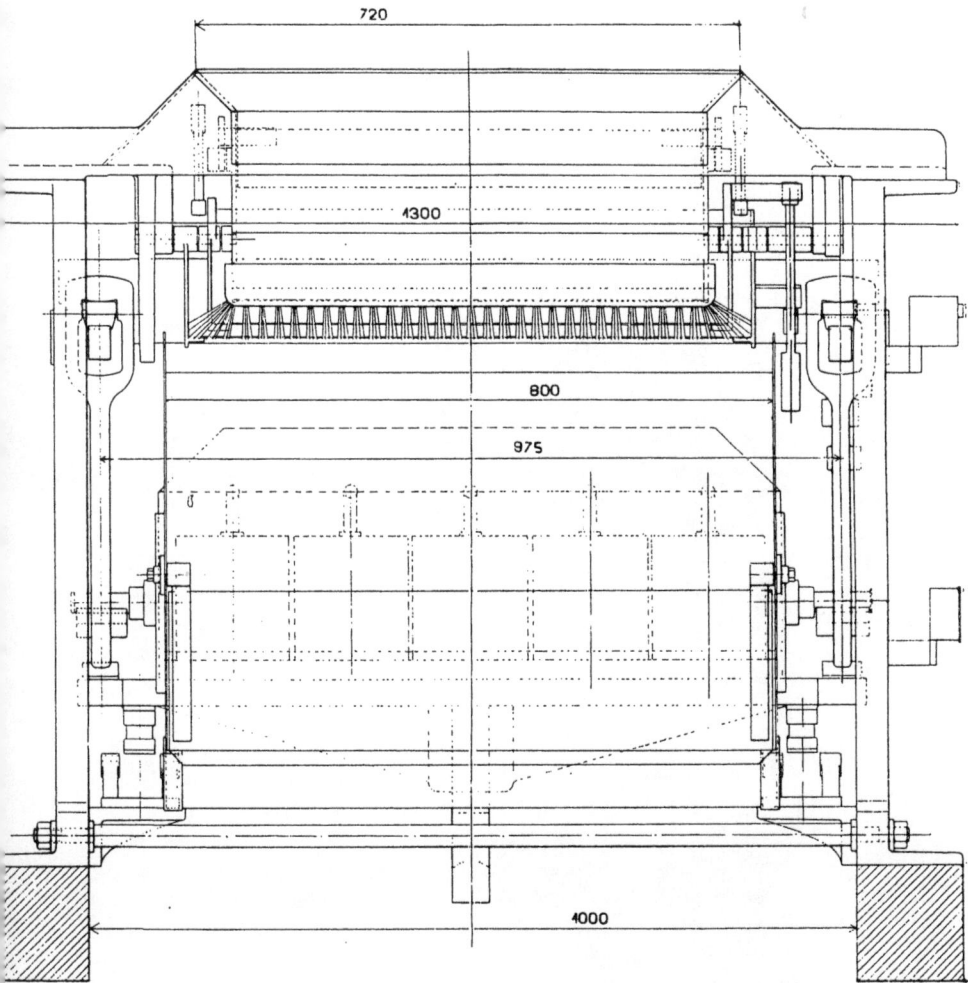

Fig. 77.

Druck und Verlag von R. Oldenbourg, München und Berlin.

# VII. Automatische Getreidewage.

## Fig. 76 u. 77.

Die Konstruktion dieser für größere Leistungen bestimmten Wage ist dieselbe wie die Getreidewage Fig. 41 u. 42; eine Beschreibung derselben erübrigt sich infolgedessen. Was an dieser Wage besonders interessiert, ist die innerhalb des Einlauftrichters angeordnete Vorrichtung, mittels welcher eine gleichmäßige Streuung und infolgedessen eine äußerst genaue Verwiegung erzielt wird.

Weiter befindet sich an der Wage eine Abstellvorrichtung, welche bezweckt, daß die Wage nach Durchlaß eines beliebig zu bestimmenden Quantums selbsttätig still steht.

Ein besonders wichtiger Teil an der Wage ist die zum Auswiegen von Getreideresten dienende Laufgewichtswage.

Zum Schlusse soll noch auf verschiedene Sicherheitsvorrichtungen hingewiesen werden, welche das gewaltsame Öffnen der Einlaufklappen während der umgekippten Lage des Gefäßes verhindert.

Die nachstehend näher beschriebenen Vorrichtungen sind teilweise an der Wage Fig. 76 mit eingezeichnet; letztere verwiegt bei einer jedesmaligen Gefäßentleerung von 125 kg stündlich 22 500 kg; die Wage macht demnach in dieser Zeit 180 Entleerungen oder drei pro Minute.

### A. Vorrichtung zur Erzielung gleichmäßig bedeckter Streulöcher.

#### Fig. 78 u. 79.

Der Einlauf der Wage wird durch die Brücke $F$ in die beiden Räume $E$ und $E_1$ geteilt. Durch die im Innern der Brücke $F$ bewegliche, um den Punkt $H$ drehbare Klappe $B$ kann der Raum $E_1$ von $E$ vollständig abgesperrt werden. Die Bewegung der Klappe $B$ erfolgt durch die Stange $D$, welche einerseits an der inneren, mit Streuloch $K$ versehenen Klappe drehbar befestigt ist, anderseits mittels Langloch auf dem um $H$ drehbaren Winkelhebel $M$ aufliegt.

Die Wirkungsweise dieser Vorrichtung ist folgende: In der in Fig. 78 veranschaulichten Stellung beim Beginn jeder einzelnen Verwägung sind die beiden Klappen $i$ und $a$ geöffnet; der Auslauf $A$ eines Elevators od. dgl. ist dermaßen angeordnet, daß das aus demselben fließende Getreide zuerst den Raum $E_1$ füllt, das übrige läuft durch den Raum $E$ in das Gefäß der Wage. Sobald in letzterem so-

viel enthalten ist, daß sich die innere Klappe $i$ schließt, beim Beginn
der Streuung also, wird die Klappe $B$ mittels der Stange $D$ geöffnet;
das in dem Raum $E_1$ befindliche Getreide fließt in vollem Strahl
durch das Streuloch $K$ in das Gefäß (Fig. 79).

Der Wert dieser Vorrichtung kommt natürlich nur dann zur
Geltung, wenn der Zufluß des Getreides sehr schwach ist, weil in

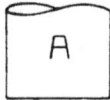

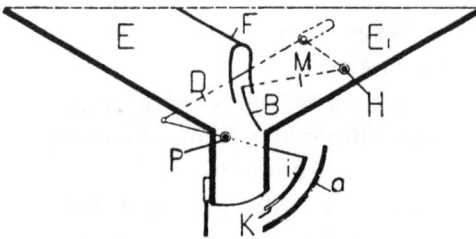

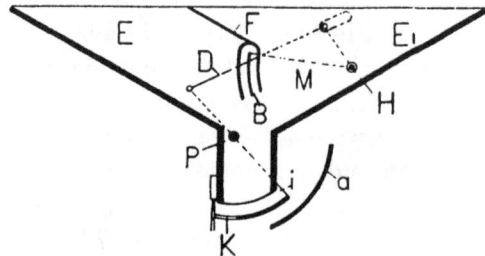

Fig. 78.                    Fig. 79.

diesem Falle infolge ungleichmäßiger Streuung die Reguliervorrichtung schlecht arbeitet, wodurch das präzise Arbeiten der Wage in
Frage gestellt wird.  Bei dieser Vorrichtung dagegen befindet sich
stets die zur Streuung erforderliche Menge in dem Raum $E_1$, infolge
der jetzt vorhandenen gleichmäßigen Streuung wird ein höchst genaues Arbeiten der Wage erreicht.

## B. Die Abstellvorrichtung.

### Fig. 80—82.

Innerhalb des am Ständer der Wage befestigten Gehäuses $G$ befindet sich ein Zählwerk, dessen Antrieb durch die am Einlauftrichter
der Wage befindliche äußere Klappe $a$ erfolgt, indem die durch das
Öffnen und Schließen derselben entstehende hin- und hergehende
Bewegung mittels der Stange $M$ und des Hebels $H$ auf die Achse $W$
übertragen wird.  Aus den schematischen Darstellungen Fig. 80—82
ist das Prinzip und die Wirkungsweise des Abstellers leicht zu ersehen. Die hin- und hergehende Bewegung des Hebels $H$ überträgt

sich, wie schon gesagt, auf die Welle $W$ und mittels Kegelräder auf die Achse $V$, der auf letzterer befestigte Hebel verursacht wiederum mittels Sperrad und Klinke die Drehung der mit Nummern von 0—9 versehenen Zählerscheibe $R$. Die Bewegung der übrigen Zählerscheiben $Z$, welche ebenso wie $R$ auf der Achse $Y$ lose drehbar gelagert sind, erfolgt in der bei Zählwerken üblichen Weise mittels Nocken und Zahnrädern.

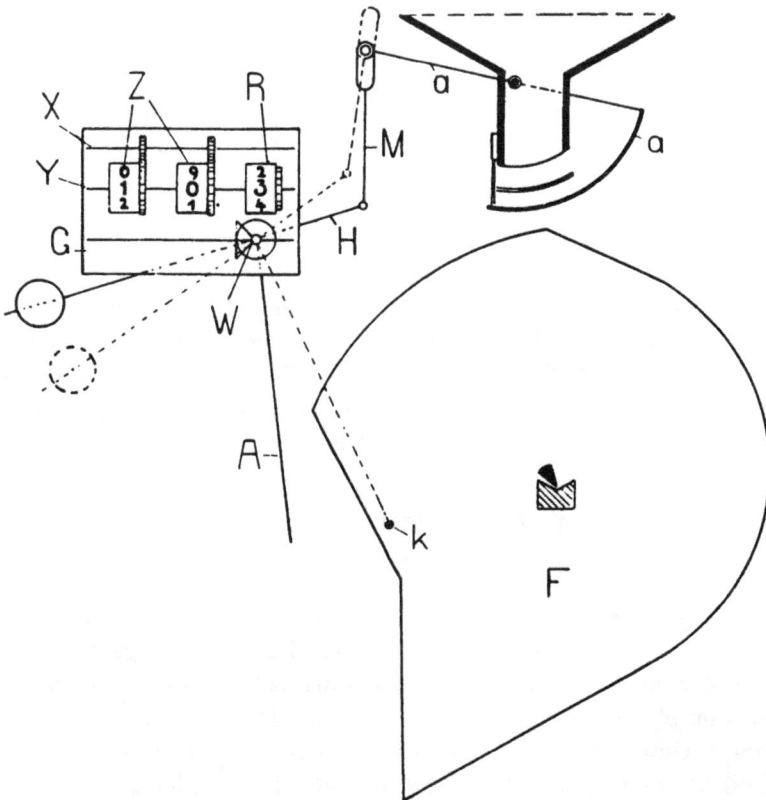

Fig. 80.

Die Wirkungsweise der Abstellvorrichtung ist folgende: Soll die Wage nach Durchlaß eines bestimmten Quantums, angenommen 100 000 kg, selbsttätig stillstehen, so muß zunächst das Zählwerk des Abstellers auf die entsprechende Anzahl Entleerungen eingestellt werden. Da die Wage bei jeder Entleerung 125 kg verwogen hat, so sind für die angenommene Leistung von 100 000 kg 800 Entleerungen nötig. Durch Anheben des Hebels $D$ wird die Zahntriebwelle *X* von den Zählerscheiben entfernt und letztere von Hand auf 800 gestellt. Bei jedem Zuschlagen der Klappe *a* geht das Zählwerk des Abstellers um eine Einheit zurück, bis die drei Zählerscheiben auf Null zeigen. In diesem Falle le-gen sich die an den drei Hebeln *K* befindlichen Nocken *N* in die Öffnun-

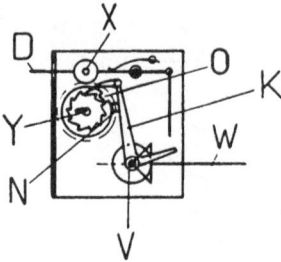

Fig. 81.

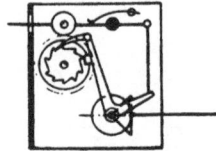

Fig. 82.

gen *O* der Zählerscheiben (Fig. 82); der mit einem Gewicht be-schwerte Hebel *H* macht infolgedessen einen größeren Ausschlag, ebenso der gleichfalls auf der Achse *W* befestigte Hebel *A*. Die punktiert gezeichneten Linien in Fig. 80 zeigen den Stand der Ab-stellvorrichtung bei 000. Der am Gefäß *F* befestigte Bolzen *k* legt sich unter den Hebel *A*, wodurch das Gefäß in der umgekippten Lage arretiert wird und die Wage somit stillsteht.

## C. Die Laufgewichtswage.
### Fig. 83 u. 84.

Die Anordnung und Wirkungsweise derselben ist aus den Fig. 83 und 84 zu ersehen. Auf den an den Ständern der Wage befestigten Böckchen *B* ruht die Laufgewichtswage mittels Schneiden und Pfannen. Auf der bei *E* und *M* befestigten Schiene *H* befindet sich ein ver-schiebbares Gewicht *F*. Die aus dem vorderen Teil *V* und dem hin-teren Teil *W* bestehende Wage, ist mittels der Traverse *T* zu einem Ganzen vereinigt. Das Austarieren erfolgt durch Einfüllen von Blei in die bei *E* befindlichen Hohlräume. Die Anwendung der Lauf-gewichtswage ist folgende: Während des Betriebes der automatischen Wage befindet sich das Schiebegewicht *F* auf dem äußersten rechten Ende der Schiene *H*, so daß die beiden Schneiden *L* die tiefste Lage einnehmen, wodurch jede Berührung derselben mit der Gewichtschale bei *A* ausgeschlossen ist.

Soll nun das Gewicht eines im Gefäß der Wage befindlichen Getreiderestes festgestellt werden, so muß zunächst der Griff *O* herum-

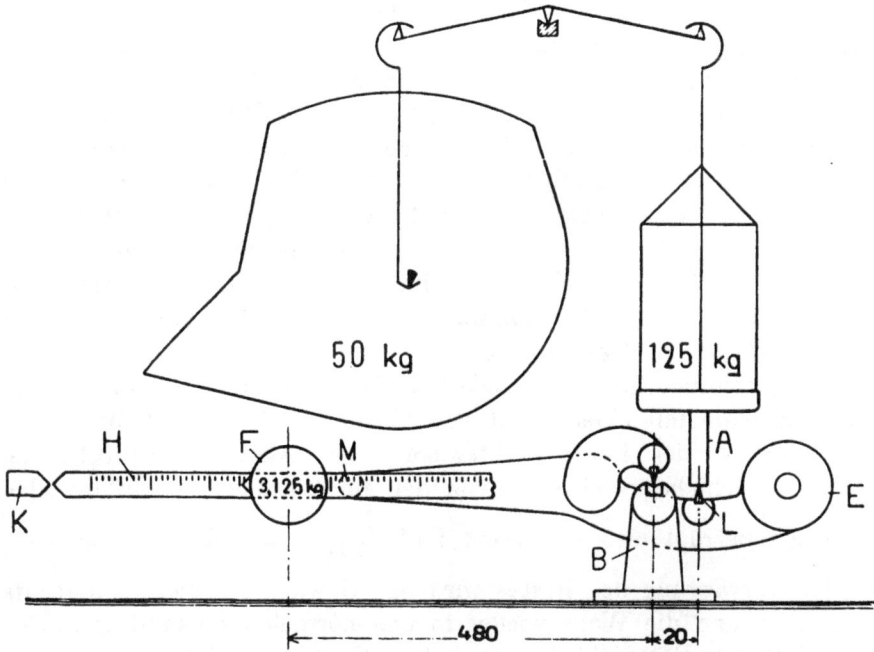

Fig. 83.

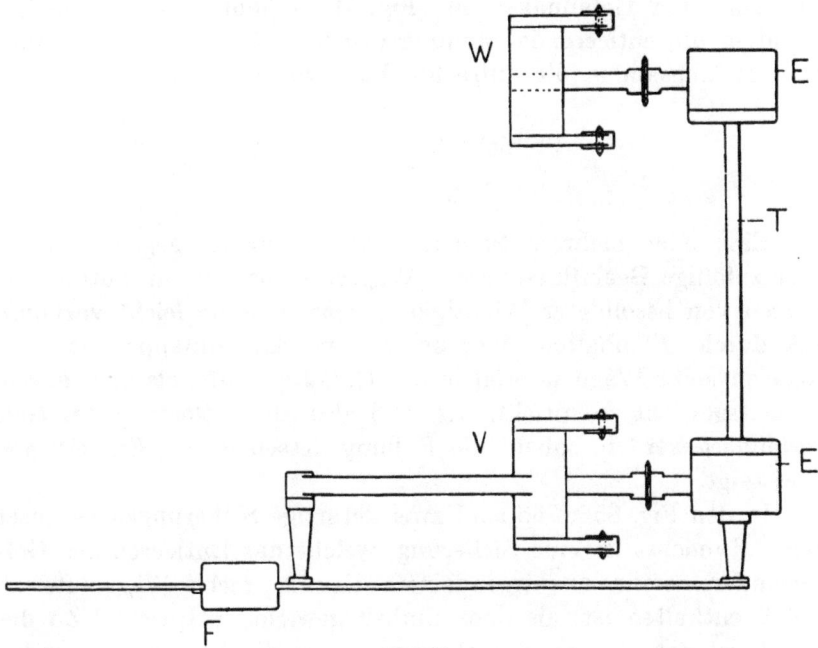

Fig. 84.

gedreht und der am **Gefäßgehänge** befindliche Griff *V* nach oben
gegen die Schneide gedrückt werden (siehe Fig. 41). Darauf wird
das Gefäß etwas abwärts gedrückt, bis der Klappenhebel *N* von der
ihn stützenden Schneide abrutscht, und das Kniegelenk *K* wird von
Hand umgelegt. Zuletzt wird durch Anheben des Abstufungsgewichtes *L* der Regulierhebel *R* von der Gewichtschale entfernt. Jetzt
wird das Schiebegewicht *F* der Laufgewichtswage so weit nach links
geschoben, bis der Zeiger des Wagebalkens einspielt. Die auf der
Schiene *H* befindliche Skala ist, links anfangend, numeriert; das
Gewicht des im Gefäß befindlichen Getreiderestes kann von der
Schiene *H* direkt abgelesen werden.

Angenommen, es sei im Gefäß ein Rest von 50 kg, so drückt die
Gewichtschale mit einer Kraft von 125—50 = 75 kg auf die beiden
Schneiden *L* der Laufgewichtswage. Der Abstand des 3,125 kg
schweren Schiebegewichtes *F* von der am Böckchen *B* aufliegenden
Schneide beträgt also in diesem Falle $\dfrac{75 \cdot 20}{3,125} = 480$ mm. Nach erfolgter Verwiegung des Restes wird das Gewicht *F* ganz nach rechts
geschoben und die Wage wieder in den normalen Zustand gebracht.
Das Entleeren des nicht ganz gefüllten Gefäßes erfolgt in der Weise,
daß man den Gefäßhaken *M* (Fig. 41) anhebt und das Gefäß von
Hand in die entleerende Stellung drückt. Nach dem Entleeren läßt
man es langsam in die aufrechte Lage zurückgehen.

### D. Sicherheitsvorrichtungen.
### Fig. 85 und 86.

Eine oder mehrere Sicherheitsvorrichtungen gegen absichtliche
oder zufällige Beeinflussung der Wägeergebnisse ist an automatischen
Wagen von besonderer Wichtigkeit, denn es kann leicht vorkommen,
daß durch Offenhalten einer der beiden Einlaufklappen oder beider
zugleich mehr Wägematerial in das Gefäß einläuft, als dem jeweiligen
Einheitsgewicht entspricht. Es muß also die Entleerung des Gefäßes
verhindert werden, sobald die Füllung desselben das Einheitsgewicht
übersteigt.

In den Fig. 85 u. 86 sind zwei derartige Sicherungen veranschaulicht. Zunächst ist eine Sicherung, welche das Entleeren des Gefäßes
verhindert, wenn aus irgendeinem Grunde mehr Wägematerial im
Gefäß enthalten ist, als dem Einheitsgewicht entspricht. Zu diesem
Zweck ist der Teil an der Wage, welcher die Schwingung oder den

Ausschlag des Wagebalkens nach erfolgter Gefäßfüllung begrenzt, beweglich eingerichtet, indem am Gehänge *A* ein mit einem Gegengewicht *g* versehener winkelförmiger Haken *f* angeordnet ist. Der Druck, den die Nase *v* des Hakens *f* beim Niedergehen der Materialschale *F* auf die an dem Gestell der Wage angebrachte Nase *l* ausübt, ist bei regelrechter Füllung äußerst minimal. Übersteigt aber die Gefäßfüllung das regelmäßige Einheitsgewicht, so ist dieser Druck hinreichend, um das Gewicht *g* auf die andere Seite überzuwerfen, wodurch die am Gefäß *F* befindliche Schneide *m* in den Bereich des Hakens *f* kommt. Sobald nun durch Zufallen der Klappe *a* das Ausösen des

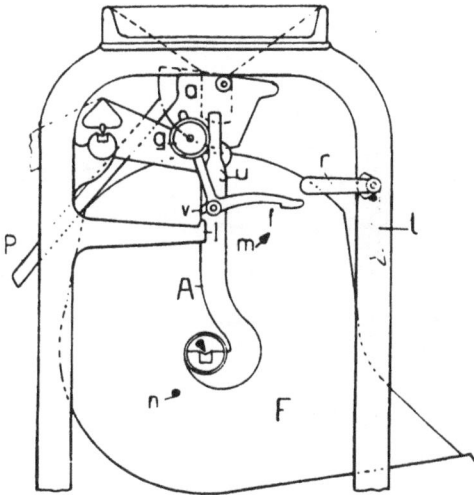

Fig. 85.

Gefäßes erfolgt ist, will dasselbe umkippen, um seinen Inhalt zu entleeren, wird aber durch Eingreifen der Schneide *m* in den Haken *f* daran gehindert.

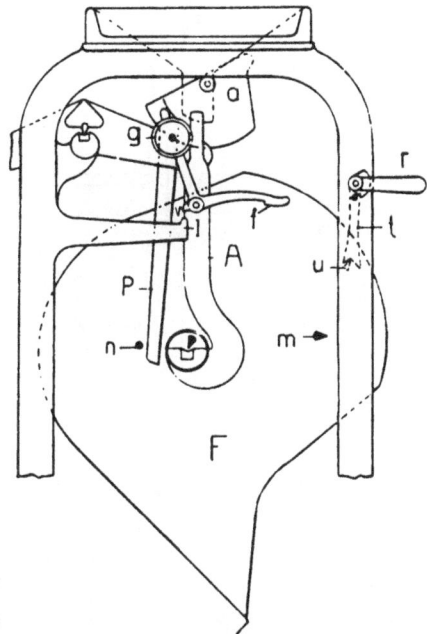

Fig. 86.

In denselben Figuren wird auch eine Vorrichtung gezeigt, welche ein willkürliches Öffnen der beiden Einlaufklappen während der Entleerung des Gefäßes verhindert, da dieses Material ungewogen durch die Wage gehen würde. Deshalb ist die Absperrklappe *a* mit einem Arm *P* verbunden, hinter welchem sich beim geschlossenen Zustand der Klappe *a* der am Gefäß befindliche Zapfen *n* legt. Während sich das Gefäß in der umgekippten Stellung befindet, verhindert der Zapfen *n* das gewaltsame Öffnen der Einlaufklappe.

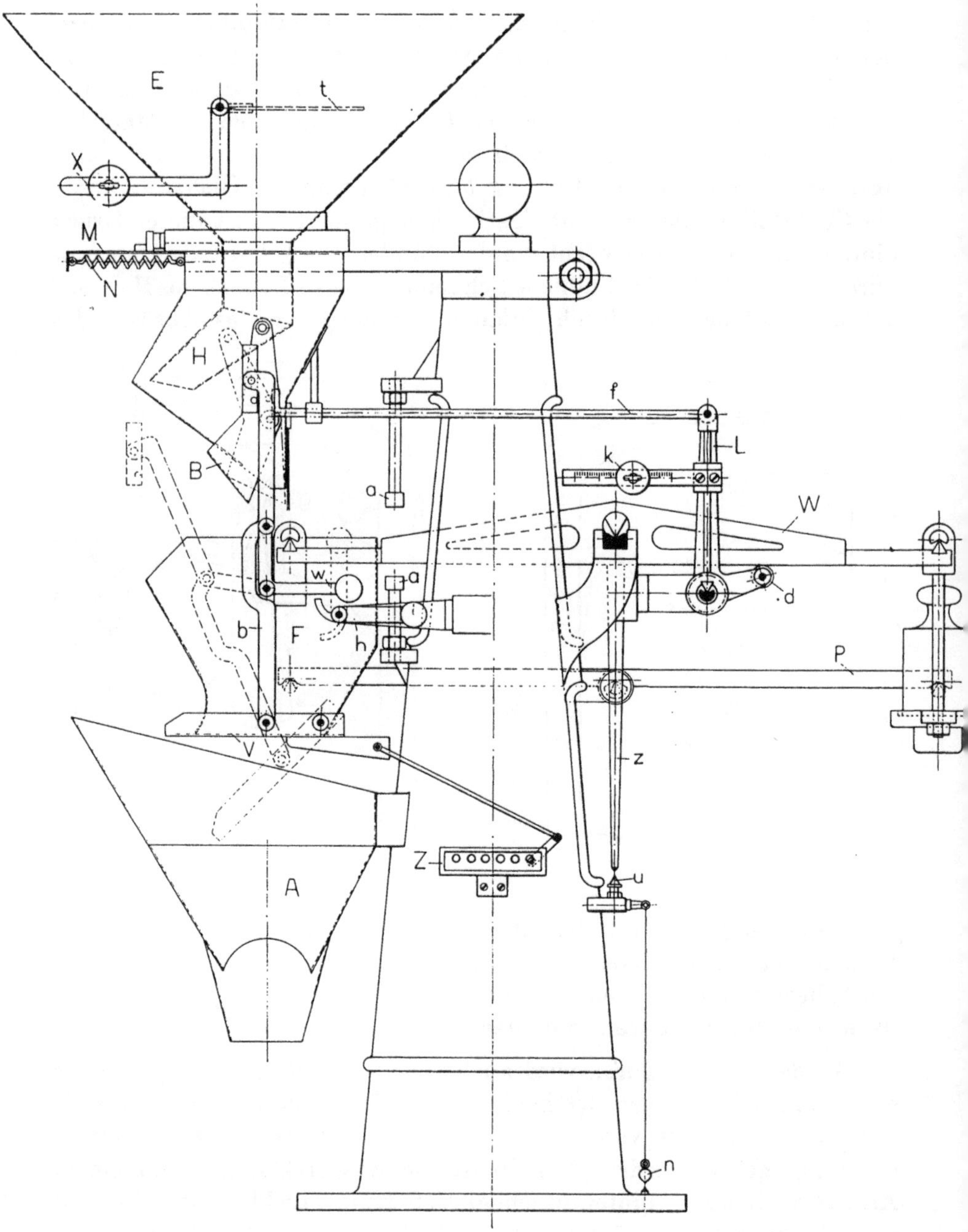

Fig. 87.

# Tafel XIV.

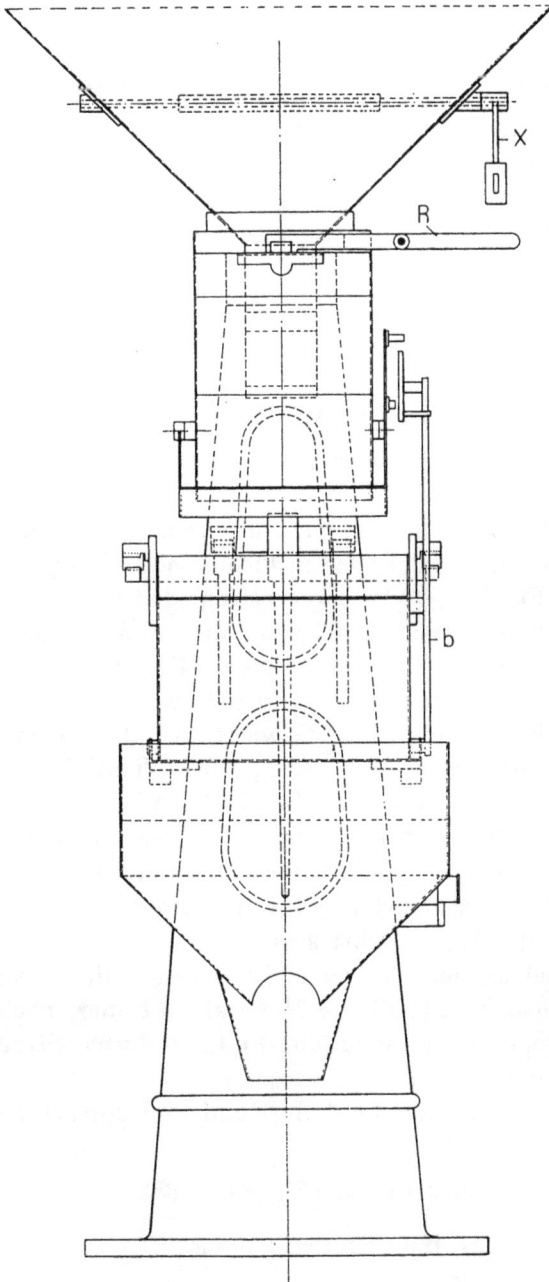

Fig. 88.

Druck und Verlag von R. Oldenbourg, München und Berlin.

Um die Wage nach Belieben stillstehen zu lassen, hat man nur nötig, den Griff *r* auf die entgegengesetzte Seite herumzuschlagen. Das umgekippte Gefäß fängt sich dann mit seiner Schneide *u* an dem Haken *t* und kann sich nicht mehr aufrichten, infolgedessen die Einlaufklappen geschlossen bleiben.

---

# VIII. Automatische Wagen für Kaffee und Malzkaffee.
## Fig. 87—90.

Eine besonders in Kaffeeröstereien usw. zur automatischen Verwiegung von Kaffee und Malzkaffee in kleineren Packungen geeignete Wage ist in den Fig. 87—90 in zwei verschiedenen Konstruktionen dargestellt; beide können jedesmal 0,5 als auch 0,25 kg ausschütten, je nach der Belastung der Gewichtschale. Bei derartigen kleinen Quanten muß die Fehlergrenze, d. i. der Gewichtsunterschied zwischen dem Gefäßinhalt und dem Gewicht auf der Gewichtschale, auf das Geringste reduziert werden. Von großer Wichtigkeit ist hierbei die Zuführung des Materials in das Gefäß der Wage. Bei der Konstruktion Fig. 87 u. 88 ist diese Aufgabe in der einfachsten Weise dadurch gelöst, daß die Wage nur dann arbeitet, wenn der Zufluß ins Gefäß in gleicher Stärke erfolgt; bei zu geringer Füllung des Einlauftrichters steht die Wage selbsttätig still.

Bei der Konstruktion Fig. 89 u. 90 arbeitet die Wage unabhängig von der Gleichmäßigkeit der Materialzuführung; nachdem der Hauptzufluß abgesperrt ist, wird die Füllung durch Streuung auf das richtige Maß gebracht.

Nachstehend folgen Beschreibung und Wirkungsweise beider Systeme.

### 1. Konstruktion (Fig. 87 u. 88).

#### a) Beschreibung.

Auf der das Gestell der Wage bildenden Säule ruht mit der durchgehenden Mittelschneide der an beiden Seiten gegabelte gleicharmige Wagebalken *W*. Seine Einspielungsstellung wird durch die abwärts

gerichtete Zunge z und die Gegenspitze u gekennzeichnet. Die richtige
Aufstellung der Wage selbst wird durch Einspielen des Senkels n
gewährleistet. Der Wagebalken trägt auf der einen Seite die Gewichtschale G, auf der andern das Gefäß F. Gefäß und Gewichtschale werden durch einen Lenker P gegen Eigenschwingungen geschützt. Die an der Säule befestigten Bolzen a dienen dem Wagebalken als Anschläge. Der nach unten knieförmig auslaufende Einlauftrichter E hat im Innern eine Klappe t, welche durch ein außerhalb des Trichters befindliches Gegengewicht X nach aufwärts gedrückt wird. Durch eine sinnreiche Vorrichtung, welche aus dem
Schieber M, der Zugfeder N und dem Hebel R besteht, wird bei zu
geringem Trichterinhalt der Zufluß in die Wage selbsttätig abgesperrt.
Die am Schluß einer jedesmaligen Verwiegung stattfindende Unterbrechung des Zuflusses erfolgt durch die an der Ummantelung des
Trichterauslaufes H angeordnete Klappe B. Der an der vorderen
Seitenwand des Gefäßes F drehbar angebrachte Winkelhebel w ist
mit einer Stange b verbunden, welche unten an der Bodenklappe V
befestigt ist und oben eine nur nach einer Seite drehbare Zunge trägt.
Der an der Säule drehbar befestigte Hebel h bewirkt das Öffnen der
Bodenklappe V durch Auslösen des Winkelhebels w beim Abwärtsgehen des Gefäßes nach vollendeter Füllung. Die Abstufung erfolgt
durch den Winkelhebel L, der am Gestell mittels Schneide aufliegt
und dessen Rolle d von unten gegen den Wagebalken drückt. Die
Regulierung der einzelnen Füllungen geschieht durch Verschieben des
Regulierungsgewichts k auf einer mit Skala versehenen am Winkelhebel L befestigten Schiene.

Die Anzahl der Entleerungen wird an dem durch die Bodenklappe V betätigten Zähler Z markiert.

### b) Arbeitsweise der Kaffeewage.

Um eine genaue Verwiegung zu erreichen, ist es notwendig, daß
im Einlauftrichter E stets ein mehrere Gefäßfüllungen betragendes
Quantum enthalten ist. Bei zu geringem Vorrat hebt sich die im
Trichterinnern befindliche Klappe t, der mit dem Gewicht X beschwerte
Hebel senkt sich und löst die Klinke R von einer am Schieber M
befindlichen Nase, worauf die Spiralfeder N den Schieber zurück-
schnellen läßt und den Materialzufluß abstellt.

Bei genügend gefülltem Trichter läuft das Material durch das
knieförmige Zulaufrohr H in das Gefäß F. Der von unten gegen den

Wagebalken drückende Winkelhebel $L$ verursacht das Abwärtsgehen
des Gefäßes, wenn ungefähr ¾ der Füllung darin enthalten sind.
Der von dem Hebel $L$ gegen den Wagebalken auszuübende Druck
kann durch Verschieben des Reguliergewichts $k$ der Größe der Füllung oder der Verschiedenheit des Materials angepaßt werden.

Bei genügender Gefäßfüllung fällt der Winkelhebel $L$ infolge
seines Übergewichts nach der Mitte zu herüber, dabei stößt die Stange $f$
die Klappe $B$ zu und sperrt somit den Zufluß ab. Beim Abwärtsgehen des Gefäßes stößt der an demselben befestigte Winkelhebel $w$
gegen den Anschlag des Hebels $h$; das vom Winkelhebel $w$ und der
Stange $b$ gebildete Gelenk knickt zusammen und öffnet die Bodenklappe $V$, worauf das Gefäß entleert und das Material durch den Aus-
lauftrichter $A$ seinem Bestimmungsort zugeführt wird. Nach erfolgter
Entleerung drückt die Gewichtschale $G$ den Wagebalken abwärts, der
Hebel $L$ wird zurückgedrückt, und die Stange $f$ gibt die Zulaufklappe $B$
frei; die infolge Übergewichts sich selbsttätig schließende Bodenklappe $V$ bewirkt beim Zurückgehen der Stange $b$ das Öffnen der
Zulaufklappe $B$, worauf das Spiel der Wage von neuem beginnt.

Das Kontrollieren einer Füllung erfolgt in der Weise, daß man
den Hebel $h$ senkrecht, wie punktiert gezeichnet, stellt, so daß sich
die Bodenklappe bei gefülltem Gefäß nicht öffnen kann. Nach Zu-
rückschieben des Hebels $L$ nach rechts kann die Wage frei schwingen.
Bei zu leichter Gefäßfüllung wird das Reguliergewicht $k$ nach rechts
verschoben, im andern Fall nach links.

## 2. Konstruktion (Fig. 89 u. 90).

### a) Beschreibung.

Auf den beiden, das Gestell der Wage bildenden Ständern ruht
der gleicharmige, mit eingeschraubten Schneiden versehene Wagebalken $W$. Beide Ständer sind unten durch zwei Traversen und oben
durch die Trichterplatte verbunden. Der Wagebalken trägt linksseitig das Gefäßgehänge $A$ mit dem zur Aufnahme des Wägematerials
dienenden Gefäß $F$, rechts hängt die Gewichtschale $G$. Das auf letzterer aufgesetzte Blechgehäuse mit schrägem Dach dient zur Vermeidung des Staubansammelns oder sonstiger Beschwerung der Gewichtschale durch etwa danebenfallendes Material, weil dadurch die
Funktion der Wage erheblich beeinträchtigt wird.

Ein an dem Gehänge $A$ befindlicher Schlitten $B$ wird mittels
des am Gefäß befestigten Hebels $g$ arretiert und kann durch Drehung

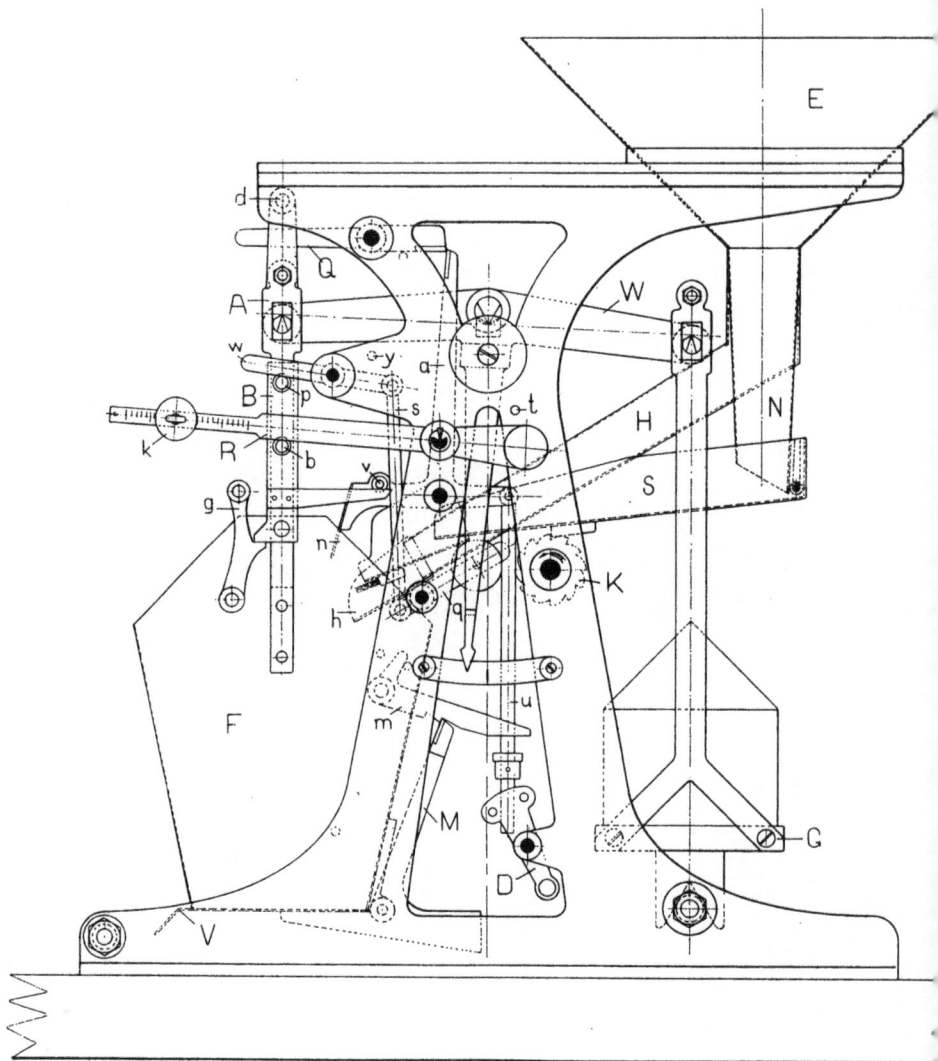

Fig. 89.

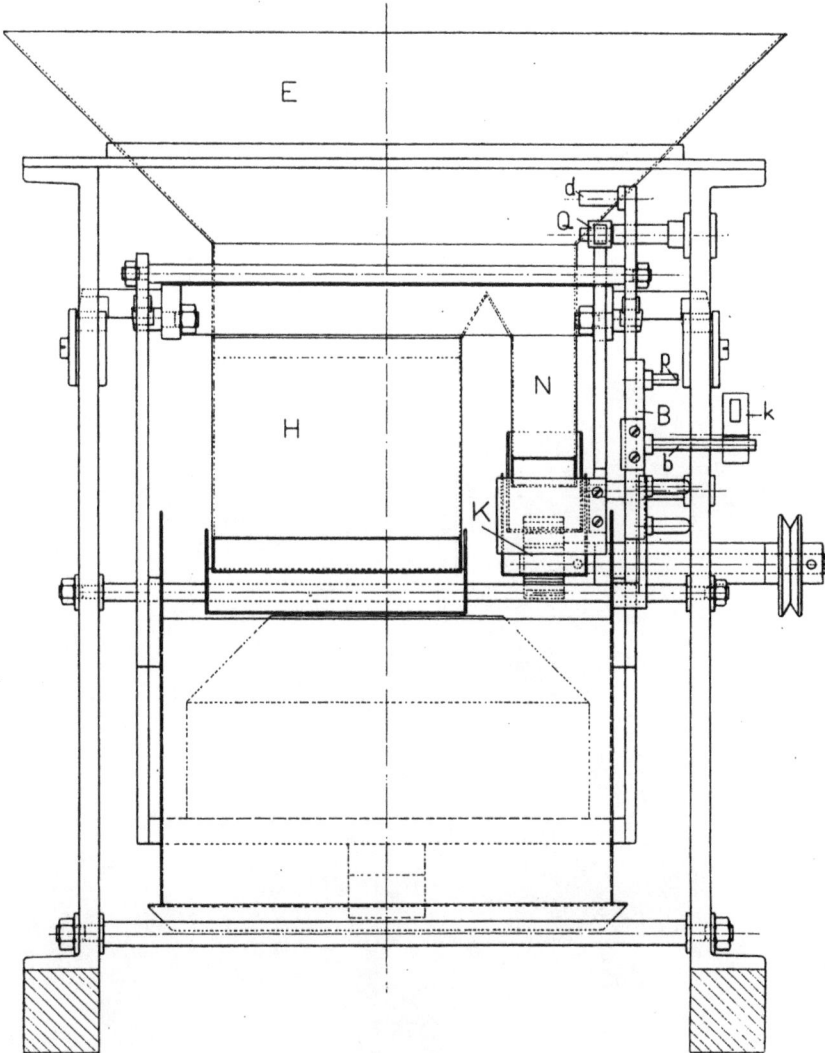

Fig. 90.

Druck und Verlag von R. Oldenbourg, München und Berlin.

des letzteren nach links abwärts geschoben werden. Die Zuführung des Materials erfolgt durch den Einlauftrichter $E$, der sich nach unten in das Hauptzuflußrohr $H$ und das Nebenzuflußrohr $N$ teilt; die an letzterem befindliche Rinne $S$ wird durch das mittels Triebwerk in Umdrehung versetzte Nockenrad $K$ in schüttelnde Bewegung versetzt. Die Absperrung des Hauptzuflusses erfolgt durch die Klappe $h$, welche unterhalb des Auslaufs $H$ drehbar angeordnet ist und durch das Gewicht des auf derselben Achse befestigten Hebels $q$ betätigt wird. Der Nebenzufluß wird durch die Klappe $n$ unterbrochen, welche oberhalb am Auslaufende der Rinne $S$ drehbar gelagert ist. Die Abstufung wird durch das Gestänge $w\,s\,q$ bewirkt, indem das Gewicht des Hebels $q$ durch Vermittlung der Stange $s$ und des Hebels $w$ das Gehänge $A$ abwärts drückt.

Das Regulieren der Gefäßfüllungen erfolgt mittels des Regulierhebels $R$, welcher einerseits mittels Schneide auf einem am Gestell befestigten Pfannenbolzen aufliegt, anderseits drückt er auf den Bolzen $b$ des am Gefäßgehänge befindlichen Schlittens $B$. Außerdem ist noch zu erwähnen der zum Absperren der Klappe $n$ dienende Hebel $Q$ und der beim Kontrollieren zu benutzende Hebel $D$. Die Bolzen $y$ und $t$ bilden die Anschläge für Abstufung und Regulierung beim Kontrollieren.

### b) Arbeitsweise der Kaffeewage.

Die in Fig. 89 gezeichnete Stellung ist die, welche die Wage beim Beginn jeder einzelnen Verwägung einnimmt. Die Gewichtschale $G$ ruht auf der Traverse, beide Klappen $n$ und $h$ sind geöffnet, so daß das Wägematerial in voller Stärke seinen Weg in das Gefäß $F$ nehmen kann. Der größte Teil fließt durch das Hauptzuflußrohr $H$, ein kleiner Teil wird durch das Nebenrohr $N$ und die Schüttelrinne $S$ dem Gefäß zugeführt. Das die Abstufung bildende Gestänge $w\,s\,q$ drückt im Verein mit dem ins Gefäß geflossenen Material das Gefäß abwärts, wobei sich die mit dem Hebel $q$ auf einer gemeinsamen Achse befestigte Klappe $h$ langsam hebt. Sobald ungefähr $^4/_5$ einer Füllung im Gefäß enthalten sind, hat sich die Klappe $h$ so weit gehoben, daß durch das Rohr kein Material mehr in das Gefäß gelangen kann, der Hauptzufluß also abgesperrt ist.

Durch den weiteren Zufluß, welcher jetzt nur noch durch das Rohr $N$ und die Rinne $S$ erfolgt, sowie durch den Druck des Regulierhebels $R$ auf den Bolzen $b$ des Gefäßgehänges geht das Gefäß weiter

abwärts, bis die genaue Füllung erreicht ist. In diesem Moment stößt
der Bolzen *d* des Gehänges *A* gegen die Stütze *Q* des nach oben gerichteten Armes *a* der Klappe *n*, derselbe wird dadurch seines Stützpunktes beraubt und fällt nach links, infolgedessen auch der Nebenzufluß abgesperrt ist. Durch das Zufallen der Klappe *n* wird die
am rechten Arm derselben befindliche Stange *u* emporgeschnellt, die
daran befestigte Muffe hebt den Gefäßhaken *m* an und löst die
Stütze *M* der Bodenklappe *V* aus, letztere wird dadurch geöffnet
und das Gefäß entleert. Nach erfolgter Entleerung schließt sich die
Bodenklappe selbsttätig infolge Übergewichts, das leere Gefäß schnellt
nach oben, dabei drückt das Gehänge gegen den Stift *v* und öffnet
die Klappe *n*, gleichzeitig drückt der Bolzen *p* des Gehänges den
Hebel *w* aufwärts und öffnet auch die Klappe *h*. Der zur Klappe *n*
gehörige Arm *a* legt sich gegen die Stütze *Q*, und die Wage beginnt
das eben beschriebene Spiel von neuem.

Beim Kontrollieren einer Gefäßfüllung wird zunächst der Hebel *D*
herumgedreht, wodurch die Stange *u* beim Zuschlagen der Klappe *n*
außer Berührung mit dem Gefäßhaken *m* bleibt, infolgedessen die
Bodenklappe *V* des Gefäßes sich nicht öffnen kann. Nach vollendeter
Füllung wird der Griff *g* nach links gedreht, der Schlitten *B* herabgedrückt, wodurch die Bolzen *p* und *b* außer Berührung mit den Hebeln *R* und *w* kommen; letztere legen sich gegen die Anschläge *t* und *y*.

Die Wage kann jetzt frei schwingen, und der Zeiger des Wagebalkens muß bei richtiger Gefäßfüllung einspielen. Ist die Füllung
zu leicht, so wird das Schiebegewicht *k* des Regulierhebels nach rechts
verschoben, bei zu schwerer Füllung dagegen nach links.

# IX. Automatische Registrierwage für Zuckerrüben.

## Fig. 91—93.

Eine zur Verwiegung von stückigen Materialien, wie Kartoffeln,
Zuckerrüben od. dgl., dienende Wage zeigen Fig. 91 u. 92. Vorzugsweise findet diese Wage in Zuckerfabriken Anwendung, wo die zur
Verarbeitung kommenden Zuckerrüben mittels derselben automatisch
verwogen werden.

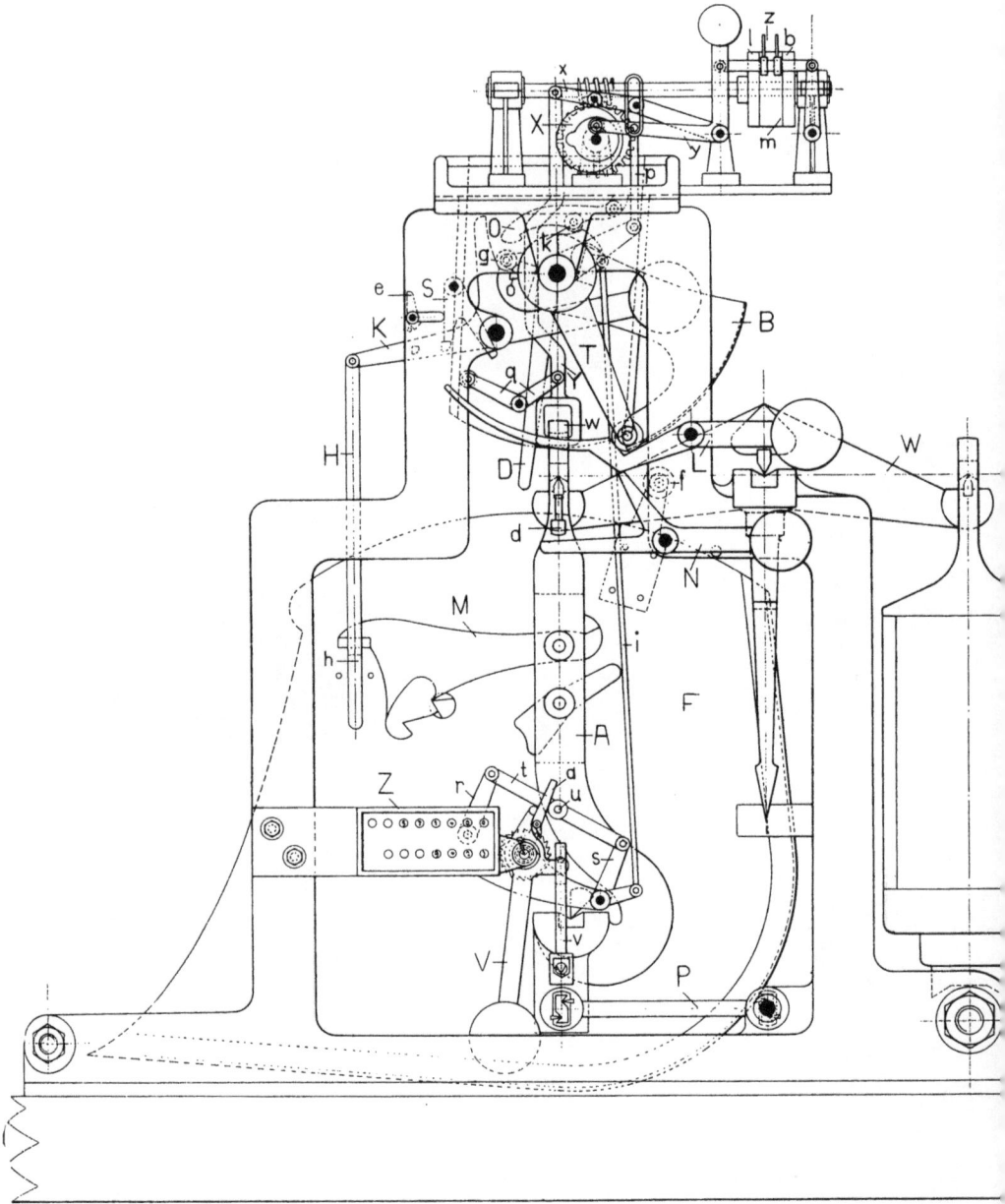

Fig. 91.

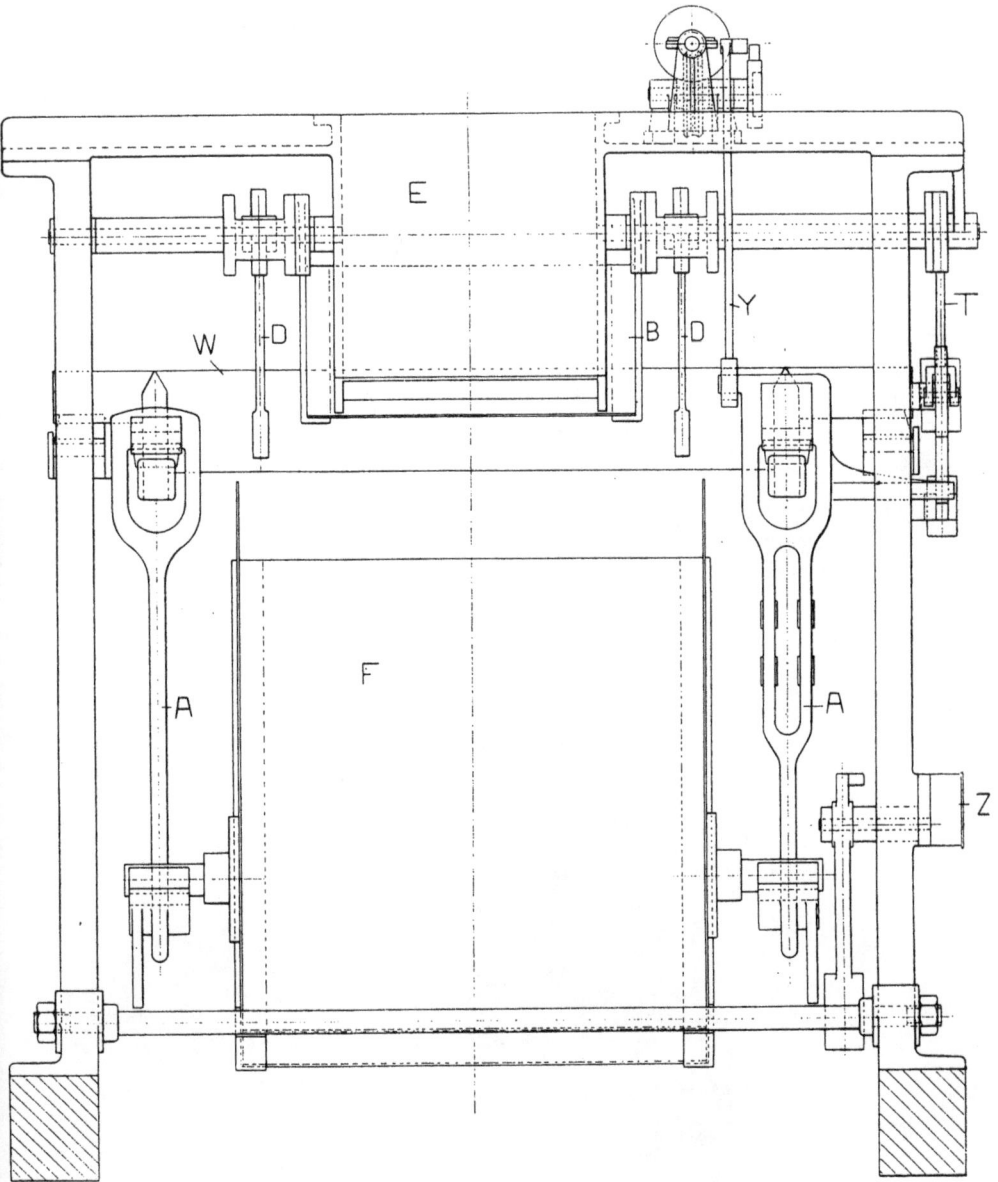

Fig. 92.

Druck und Verlag von R. Oldenbourg, München und Berlin.

In Anbetracht der Schwere der einzelnen Rüben ist es schwierig, wenn nicht unmöglich, andauernd Gefäßfüllungen zu erreichen, welche der Belastung der Gewichtschale gleich sind; die Wage ist deshalb so konstruiert, daß im Gefäß bei jeder Füllung ein Überschuß an Material enthalten ist, welcher auf einer Neigungswage besonders verwogen wird. Die Neigungswage, welche erst nach beendeter Gefäßfüllung, also nach dem Schließen der Absperrklappe am Einlauf, arbeitet, braucht zu ihrer Einstellung eine gewisse Zeit, während welcher die Gefäßentleerung nicht stattfinden darf. Die nach dem Klappenschluß eintretende Verzögerung der Gefäßentleerung wird durch eine oberhalb der Wage befindliche mittels Riemen angetriebene Vorrichtung erreicht.

Die Wage wird in Größen von 200—800 kg Gefäßfüllung gebaut; die Anzahl der Entleerungen pro Minute beträgt zwei bis drei.

### Beschreibung der Wage.

Die in den Fig. 91 u. 92 in Seiten- und Vorderansicht zur Darstellung gebrachte Konstruktion kann in folgende Hauptteile zergliedert werden: 1. Wagebalken mit Gefäß und Gewichtschale; 2. die Einlaufvorrichtung; 3. die Vorrichtung zum Entleeren; 4. das Zähl- werk und 5. die Kontrollvorrichtung.

Der in seinen Mittelschneiden auf am Gestell befestigte Stahlpfannen gelagerte gleicharmige Wagebalken $W$ besteht wie üblich aus dem durch Mittelsteg verbundenen Hinter- und Vorderbalken, dessen abwärts gerichteter Zeiger und eine am Ständer befestigte markierte Scheibe die Einspielungsstellung des Wagebalkens kennzeichnen. Das Gestell der Wage wird von zwei Ständern gebildet, welche unten durch zwei Traversen und oben durch die Einlaufplatte zu einem Ganzen verbunden sind.

Der Wagebalken trägt rechts die zur Aufnahme der Gewichtsteine dienende Gewichtschale $G$, links die beiden Gehänge $A$ mit dem Gefäß $F$. Letzteres hat die bekannte Form der zuerst beschriebenen Getreide- und Rübenwage und ist wie jene an der Rückwand im Innern mit Gegengewichten versehen, die das selbsttätige Zurückschlagen nach erfolgter Entleerung bewirken. Während der Dauer der Füllung wird das Gefäß von dem am Gehänge befestigten Gefäßhaken $M$ arretiert.

Zum Auffangen bzw. Mildern der beim Umkippen des Gefäßes im Gehänge entstehenden Stöße dient die einerseits am Gehänge,

6*

anderseits an den Ständern in Schneiden gelagerte Parallelführung $P$. Die Einlaufvorrichtung besteht aus der oberhalb des Gefäßes angeordneten, im Querschnitt rechteckigen Einlauföffnung $E$, welche unten durch die Klappe $B$ abgesperrt werden kann. Das Festhalten der geöffneten Klappe bewirkt der mit derselben fest verbundene Hebel $T$ im Verein mit dem von Stützhebel $N$ gehaltenen Druckhebel $L$. Im geschlossenen Zustande wird die Klappe von dem Sperrhaken $O$ durch Eingreifen in die Nase $o$ arretiert (siehe Fig. 93). Das Absperren des Zuflusses wird durch den am vorderen Gefäßgehänge befindlichen Nocken $d$ bewirkt, indem derselbe beim Abwärtsgehen des Gefäßes den Stützhebel $N$ auslöst, wodurch der Druckhebel $L$ seiner Unter-

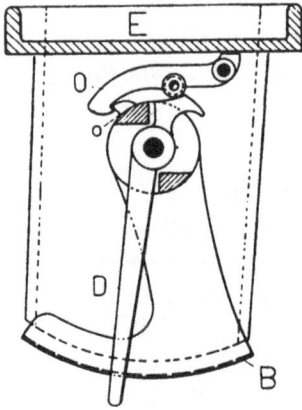

Fig. 93.

stützung beraubt wird und den Hebel $T$ frei gibt, worauf die Klappe $B$ infolge ihrer eigenen Schwere zuschlägt.

Das Öffnen der Klappe erfolgt durch die zu beiden Seiten des Einlaufs angeordneten, auf den Klappenachsen lose sitzenden Klappenhebel $D$, welche von den am Gefäß befestigten Rollen $f$ beim Zurückschlagen nach erfolgter Entleerung desselben nach rechts gedrückt werden, bis der Hebel $T$ in den Druckhebel $L$ eingreift.

In Figur 92 ist die Anordnung des Klappenmechanismus in der Hauptsache ersichtlich.

Das Entleeren des Gefäßes erfolgt beim Aufwärtsgehen der Stange $H$, indem deren Ansatz $h$ den Gefäßhaken $M$ anhebt, wodurch die am Gefäß befestigte Schneide frei wird und dasselbe umkippt und entleert.

Die nach dem Schließen der Klappe $B$ eintretende Verzögerung der Gefäßentleerung, welche zum Einstellen der Neigungswage und des Übergewichtszählwerks notwendig ist, wird durch folgende Vorrichtung bewirkt. Auf der oberhalb der Einlaufplatte befindlichen Schneckenwelle befindet sich eine breite Festscheibe $m$ und zu beiden Seiten derselben die beiden Losscheiben $l$ und $b$. Die Schnecke greift in ein Schneckenrad, welches mit einem Exzenter $X$ zusammen auf einer Achse befestigt ist. Der Exzenter besitzt eine zur Welle konzentrische Aushöhlung mit einer Ausbuchtung. In dieser Aushöhlung bewegt sich die Rolle des mit einem Überfallgewicht versehenen Ausrückerhebels $y$, welcher die Ausrückgabel $z$ betätigt. Auf dem

Exzenter $X$ ruht der Hebel $x$ mittels Rolle auf; die an demselben hängende Stange $Y$ legt sich unten lose um den am Gefäßgehänge befindlichen Nocken $w$.

Der am Ständer befestigte dreiarmige Gewichtshebel $K$ wird von der Klinke $S$ arretiert; letztere wird beim Abwärtsgehen der Stange $Y$ von dem Hebel $q$ ausgelöst.

Die Registrierung des verwogenen Materials erfolgt durch das aus zwei Zählern bestehende Zählwerk $Z$. Beide Zähler sind in einem Gehäuse montiert; der obere markiert laufend bei jeder Gefäßfüllung eine Gewichtseinheit, welche der Belastung der Gewichtschale entspricht; bei 300 kg Belastung zählt er also 300, 600, 900 usw. bis 99 999 700. Der Antrieb des oberen Zählers erfolgt beim Zuschlagen der Klappe $B$ mittels der Zugstange $i$, der Hebel $s$ und $r$ und der Verbindungsstange $t$.

Die Betätigung des unteren Zählwerks erfolgt durch die von dem Pendel $V$ gebildete Neigungswage. Auf derselben wird das im Gefäß befindliche Übergewicht verwogen, indem beim Abwärtsgehen des Gefäßgehänges $A$ das Pendel von der Zugstange $v$ angehoben wird. Die Übertragung der Neigung des Pendels auf das untere Zählwerk geschieht direkt durch ein Zahngetriebe mit nur fortschreitender Beweglichkeit. Die an der Stange $t$ befindliche Rolle $u$ drückt den vom Pendel $V$ betätigten Arm $a$ beim Beginn der Verwägung in die Anfangsstellung zurück und hält ihn solange fest, bis die Klappe $B$ zugefallen ist.

### Arbeitsweise der Rübenwage.

Die Stellung der Wage beim Beginn jeder Verwägung ist folgende: Nach erfolgter Belastung der Gewichtschale mit der erforderlichen Anzahl Gewichte wird der Gefäßhaken $M$ von Hand angehoben und das Gefäß ebenfalls von Hand in die umgekippte Stellung gebracht. Beim Loslassen richtet sich dasselbe infolge seiner Schwerpunktslage selbsttätig wieder auf und dreht mit den an den beiden Seitenwänden befestigten Rollen $f$ die beiden Klappenhebel $D$ nach rückwärts. Der obere Teil des einen Hebels $D$ hebt hierbei zunächst den Haken $O$, welcher die Einlaufklappe in der geschlossenen Lage festhält, an; beim Weiterschwingen wird die Klappe $B$ dann selbst mitgenommen, wodurch der Einlauf geöffnet ist.

Nachdem sich das Gefäß vollständig aufgerichtet hat, gleiten die beiden Hebel $D$ von den Rollen $f$ ab; die geöffnete Klappe $B$ wird von den Hebeln $T$, $L$ und $N$ arretiert.

Gleichzeitig mit dem Öffnen der Klappe drückt die an letzterer befindliche Rolle g den dreiarmigen Gewichtshebel K so weit nach links herum, bis er von der Klinke S arretiert wird.

Endlich wird auch beim Öffnen der Klappe der Hebel p angehoben, wodurch der Ausrückhebel y den Antriebriemen auf die Festscheibe m bringt. Die jetzt in der Richtung des Uhrzeigers in Drehung versetzte Exzenterscheibe X bewirkt den Hochgang der am Hebel x befestigten Stange Y. Sobald die Exzenterscheibe ihren höchsten Punkt erreicht hat, legt sich die Rolle des Ausrückerhebels y in die Ausbuchtung der konzentrischen Aushöhlung der Scheibe, wodurch der Ausrückhebel y infolge Übergewichts nach rechts fällt und der Antriebriemen auf die Losscheibe b kommt, infolgedessen die Exzenterscheibe stillsteht.

Die Füllung des Gefäßes hat inzwischen begonnen; dasselbe geht bei vollendeter Füllung schnell abwärts, wobei der am Gehänge befindliche Nocken d den Stützhebel N auslöst; der seiner Unterstützung beraubte Druckhebel L gibt die Rolle des Hebels T frei, die Klappe B schließt sich und wird vom Haken O durch Eingriff in die Nase o arretiert, währenddessen die obere Zahlenreihe des Zählwerks durch Vermittlung der nach abwärts gedrückten Stange i um eine Gewichtseinheit weiter zählt. Zwecks Aufhebung der lebendigen Kraft des zuletzt in das Gefäß gefallenen Materials, sowie zur Erreichung der Ruhepause, welche zwecks Einstellung der Neigungswage erforderlich ist, tritt die mittels Riemen angetriebene Vorrichtung wieder in Tätigkeit.

Nach erfolgtem Schließen der Klappe stößt der am Gehänge befindliche Ansatz w auf den unteren Querteil der Stange Y, wodurch der im Gehänge entstandene Stoß, verursacht durch die zuletzt in das Gefäß gefallenen Rüben, aufgefangen wird. Gleichzeitig mit dem Schließen der Klappe zieht die Stange p den Ausrückerhebel y nach links, wodurch der Riemen von der Losscheibe b wieder auf die Festscheibe m gebracht wird, infolgedessen der Exzenter X abwärts gedreht wird. Mit dem Exzenter bewegt sich auch die am Hebel x befindliche Stange Y abwärts; dadurch wird dem Gefäßgehänge gleichfalls gestattet, abwärts zu schwingen.

Das im Gefäß befindliche Übergewicht bewirkt nun durch Vermittlung der Stange v die Neigung des Pendels V, das hierbei ermittelte Übergewicht wird direkt mittels Zahnrades auf den Übergewichtszähler übertragen und auf der unteren Zahlenreihe markiert.

Der Exzenter X wird in seiner tiefsten Stellung in derselben Weise wie oben beschrieben selbsttätig ausgerückt, nur wird der

Riemen diesesmal auf die Losscheibe *l* geschoben. Das allmählich abwärts gehende Gefäß drückt vermittelst des am Gehänge befindlichen Ansatzes *w* den mit der Stange *Y* verbundenen Hebel *q* gegen die Klinke *S* und löst dieselbe aus, so daß der dreiarmige Hebel *K* infolge Übergewichts herumkippt; die an letzterem befestigte Stange *H* hebt mit ihrem Ansatz *h* den Gefäßhaken *M* an, worauf das Gefäß umkippt und entleert. Nach erfolgter Entleerung schlägt das Gefäß selbsttätig zurück, und das Spiel der Wage beginnt von neuem.

### Kontrollieren der Wage.

Um sich zu vergewissern, ob das im Gefäß enthaltene Quantum mit den Angaben des Zählwerks übereinstimmt, wird zunächst der Hebel *e* herumgeschlagen, wodurch der dreiarmige Hebel *K* selbst nach erfolgter Auslösung der Klinke *S* seine Lage nicht verändert, das Gefäß also nicht entleeren kann. Nach vollendeter Füllung des Gefäßes wird die Zugstange *v* der Neigungswage ausgehängt. Jetzt wird die Gewichtschale *G* soviel belastet, bis der nach abwärts gerichtete Zeiger des Wagebalkens einspielt. Bei richtig arbeitender Wage müssen die Gewichte auf der Gewichtschale mit der Summe der beiden zuletzt hinzugekommenen Zahlen am Zählwerk übereinstimmen.

# X. Automatische Bruttoabsackwage für Mehl.
### Fig. 94—97.

Die in den Fig. 94—97 zur Darstellung gebrachte Wage dient zur Verwiegung von staubigem Material; dieselbe findet besonders in großen Mühlenwerken Verwendung zum Verwiegen des Mehles in Säcken. Das zu verwiegende Mehl läuft bei dieser Konstruktion nicht erst in einen Behälter, sondern fließt direkt nach dem Passieren des Einlaufs in einen Sack und wird mit demselben verwogen. Das der Belastung der Gewichtschale entsprechende Bruttogewicht wird in üblicher Weise an einem Zählwerk registriert.

Die Handhabung der Wage ist sehr einfach; zunächst wird um den sog. Sackstutzen oder Trichter, der in den Schneiden des Wagebalkens hängt, mittels Sackschnalle ein Sack befestigt, worauf durch Abwärtsdrücken eines Handhebels die Wage in Betrieb gesetzt wird und der Sack sich mit dem Material füllt. Nach beendeter Füllung wird der Materialzufluß selbsttätig abgesperrt; der gefüllte Sack wird abgenommen und ein neuer an seine Stelle gehängt.

Infolge der dem Mehl anhaftenden Eigenschaft des leichten Zusammenklumpens und des infolgedessen erschwerten Durchfließens durch den Einlauf sind im Innern desselben Rührwerke angeordnet, welche von jeder beliebigen Transmission angetrieben werden können.

Die Vorrichtung zum Öffnen und Schließen der Einlaufklappe ist so eingerichtet, daß dieselbe bei der Verwiegung des Materials in drei Abstufungen ausgeschaltet wird. Die von Hand geöffnete Klappe schließt sich allmählich, bis das Mehl nur noch in einem dünnen Strahl in den Sack fließt; der endgültige Abschluß erfolgt plötzlich, wobei der Absperrmechanismus außer Berührung mit dem Wagebalken tritt, so daß dieser frei schwingen kann.

Die Wage ist den Eichvorschriften zufolge mit einer Vorrichtung versehen, welche das Kontrollieren jeder einzelnen Verwägung gestattet; desgleichen befindet sich an der Wage eine Reguliereinrichtung.

Die Wage ist in der dargestellten Konstruktion nur für Entleerungen bis zu 20 kg geeignet; die Anzahl der Entleerungen dürfte zwei bis drei pro Minute betragen.

### Beschreibung der Wage.

Die Hauptteile der in den Fig. 94 u. 95 in Vorder- und Seitenansicht dargestellten Konstruktion sind zunächst der Wagebalken nebst Gewichtschale und Sacktrichter, der Einlaufmechanismus nebst dazugehöriger Absperrvorrichtung, die Regulier- und Kontrollvorrichtung.

Der gleicharmige Wagebalken W besteht wie üblich aus dem mittels Querstück fest verbundenen Hinter- und Vorderbalken; die an letzteren befestigte nach oben gerichtete Zunge und die am Einlauf befindliche Scheibe kennzeichnen die Einspielungsstellung der Wage. Mittels der auf der Verlängerung des linken Wagebalkenarmes aufliegenden Stütze K erfolgt das Öffnen der Einlaufklappe.

Die zur Aufnahme der Gewichtstücke dienende Gewichtschale G ist zum Schutz gegen Staub mit einem Blechgehäuse bedeckt. Zur Begrenzung der Ausschläge des Wagebalkens dient eine an dem Gewichtschalenarm oben befestigte Klammer und der feststehende Zapfen t.

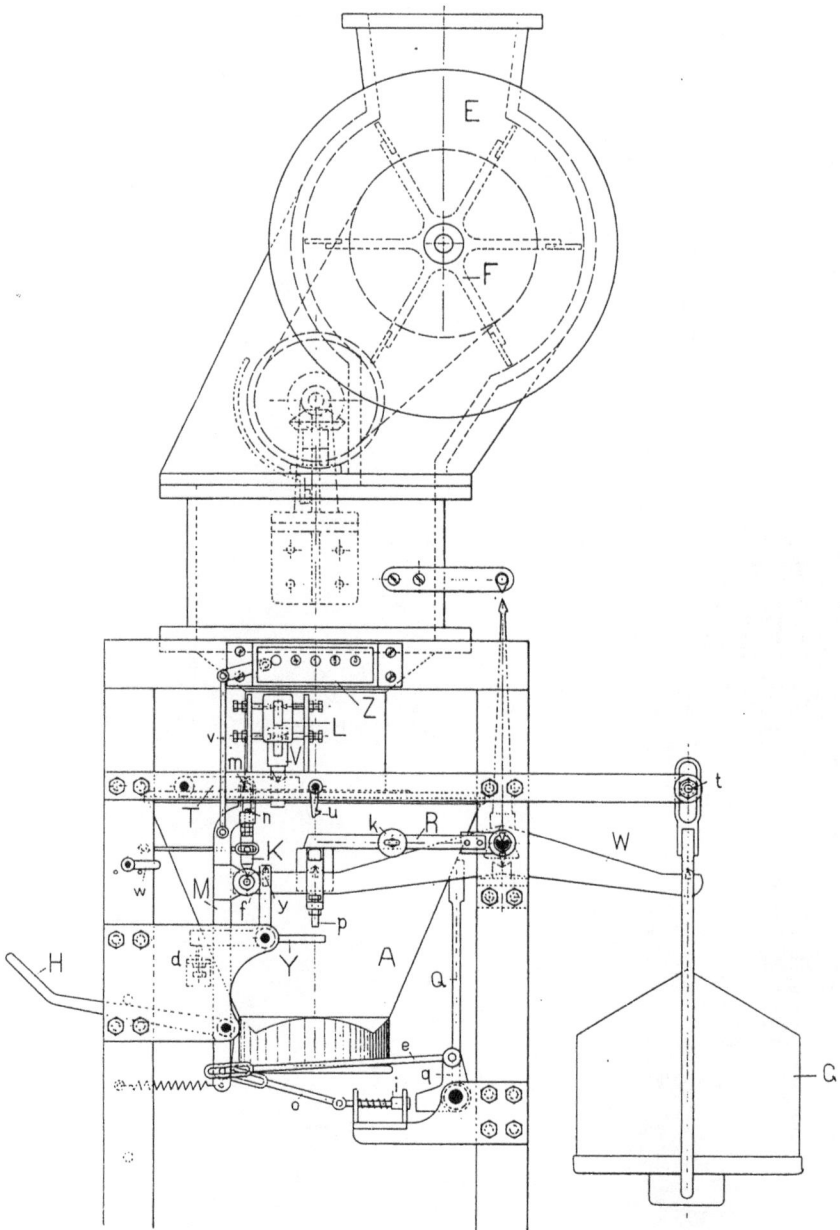

Fig. 94.

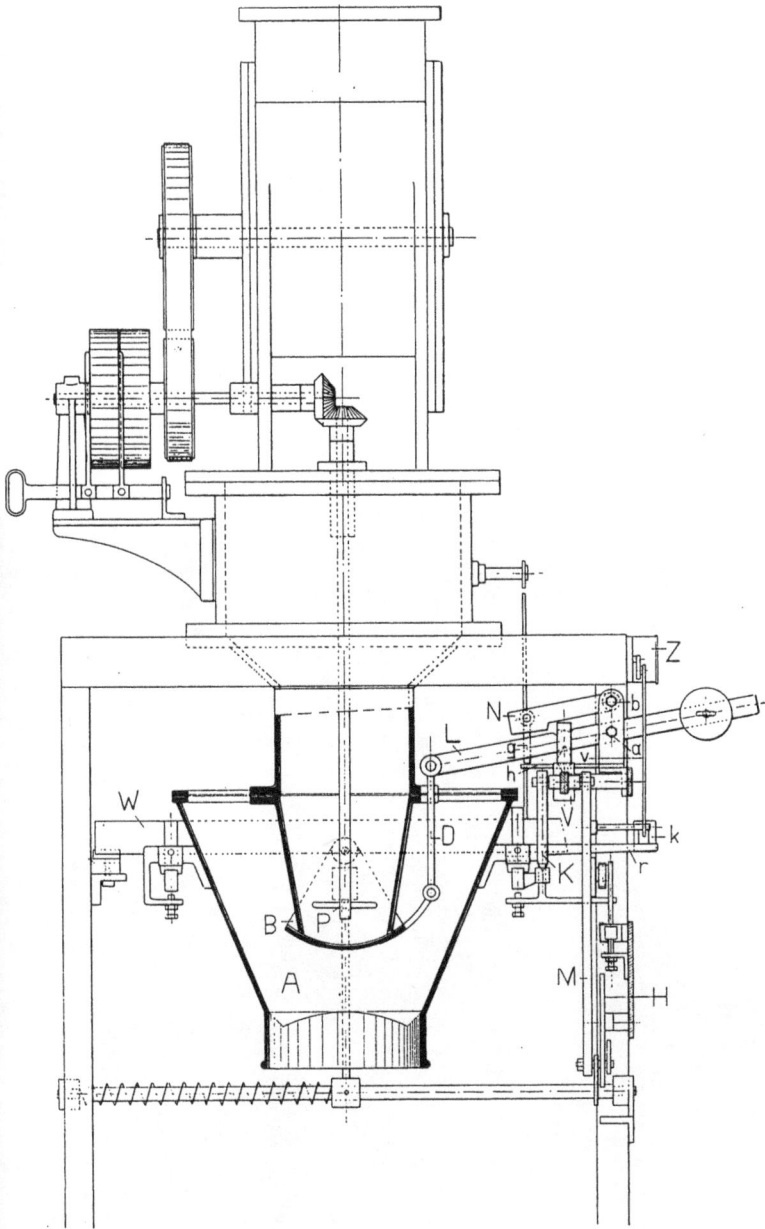

Fig. 95.

Druck und Verlag von R. Oldenbourg, München und Berlin.

An der linken Wagebalkenseite hängt der zur Aufnahme des zu füllenden Sackes bestimmte Trichter $A$; an der runden Auslauföffnung desselben wird der zu füllende Sack mittels Sackschnalle festgeklemmt. Um Materialverlust durch Staubentwicklung zu vermeiden, erfolgt der Verschluß zwischen dem auf und nieder gehenden Sacktrichter $A$ und dem Auslaufrohr durch eine Leinwand- oder Seidenabdeckung, welche indessen dermaßen ausgebildet ist, daß eine wesentliche Beeinflussung des Spiels der Wage ausgeschlossen ist. An dem Trichter befindet sich der zur Auflage des Regulierhebels dienende Arm $r$ und der Anschlag $p$, welcher den letzten Materialzufluß durch Schließen der Klappe $B$ absperrt. Der im Trichterinnern sich ansammelnde Staub wird durch den Schläger $Q$, welcher nach jedesmaligem Klappenschluß einen kräftigen Schlag gegen die hintere Trichterwand ausübt, entfernt und in den Sack befördert. Der Schläger ist mit dem Hebel $q$ auf derselben Achse befestigt, mittels einer um letztere gewundene Spiralfeder wird der Schläger gegen die Trichterwand geschleudert. Beim Herunterdrücken des Handhebels $H$ drückt die Stange $e$ den Schläger zurück, derselbe bleibt während der Dauer der Verwiegung ohne jede Berührung mit dem Trichter und wird von dem Schnapper $i$ arretiert.

Die Materialzuführung erfolgt durch den Einlauf $E$. Zwecks Erreichung einer gleichmäßigen Zuführung, welche bei der automatischen Verwiegung des Mehles von besonderer Wichtigkeit ist, sind im Innern des Einlaufs zwei mittels Riemen anzutreibende Rührwerke $F$ und $P$ angeordnet. Der Abschluß des Materialzuflusses in den Sack erfolgt durch die Klappe $B$, welche in zwei Körnerspitzen am Einlauf drehbar angeordnet ist. Die Stange $D$ verbindet die Klappe mit dem gleichfalls in Körnerspitzen bei $a$ gelagerten, mit einem Gegengewicht versehenen Hebel $L$. Der letztere trägt außerdem noch ein Verbindungsstück $V$, welches in eine Körnerspitze ausläuft und sich auf den Hebel $T$ aufsetzt. Am Hebel $T$ befinden sich zwei Zapfen, von denen einer die Stange $K$, der andere die Stange $M$ trägt. Die Stange $K$ läuft unten in eine Körnerspitze aus und stützt sich während des Betriebes der Wage auf die Verlängerung des linken Wagebalkenarmes; die Stange $M$ ist unten mit dem abwärts gerichteten Arm des Handhebels $H$ drehbar befestigt. Durch Einschaltung einer Zugfeder wird der Handhebel nach Klappenschluß in die höchste Lage zurückgeschnellt. In dieser höchsten Stellung ist die Einlaufklappe $B$ geschlossen; beim Abwärtsdrücken des Handhebels wird infolge der Aufwärtsbewegung der Stange $M$ der linken Wagebalkenseite gleichfalls gestattet, nach oben zu schwingen; der hierdurch gegen die Stange $K$ ausgeübte Druck wird zunächst auf den Hebel $T$ und von da mittels des Verbindungsstückes $V$ auf den Gewichtshebel $L$ übertragen, infolgedessen die mit demselben verbundene Klappe $B$ geöffnet wird.

Von den beim Schließen der Klappe $B$ in Wirksamkeit tretenden Teilen seien der Hebel $N$ mit dem Zapfen $g$ und der dazugehörige Anschlag $h$ genannt; ferner der dreiarmige Hebel $Y$ mit der Schneide $y$, auf welche sich die zur Stange $M$ gehörige Rolle $f$ aufsetzt.

Zur Regulierung der Füllungen dient der mit einem Schiebegewicht $k$ versehene Regulierhebel $R$. Derselbe ist rechtsseitig am Gestell der Wage mittels Schneide und Pfanne lose gelagert und liegt links auf dem Nocken $r$ des Trichters auf. Die Länge des Hebels ist so gewählt, daß die Reguliereinrichtung für verschiedene Füllungsgrößen bis zur halben Tragfähigkeit abwärts die Anwendungsmöglichkeit bietet.

Das von der Wage verwogene Gewicht bzw. die Anzahl der Entleerungen wird an dem Zählwerk $Z$ markiert; die Betätigung des letzteren erfolgt durch die Stange $M$, welche ihre nach aufwärts gerichtete Bewegung, die bekanntlich beim Herunterdrücken des Handhebels eintritt, mittels der Stange $v$ auf den Zähler überträgt. Die Abwärtsbewegung der Stange $M$ erfolgt nur von der Wage aus, so daß eine Betätigung des Zählers bei Außerbetriebsetzung der Wage nicht stattfinden kann.

### Arbeitsweise der Brutto-Mehlwage.
### Fig. 94—97.

In den Fig. 94 u. 95 ist die Wage in der Stellung gezeichnet, in welcher dieselbe zum Gebrauch fertig ist. Dieselbe Lage zeigt die schematische Darstellung Fig. 96. Durch das Eigengewicht der belasteten Gewichtschale drückt der linke Wagebalkenarm gegen die Stange $K$ und ist bestrebt, den Hebel $T$ aufwärts zu drücken, wird aber durch die Stange $M$ daran gehindert.

Nachdem nun am Trichter $A$ ein Sack befestigt ist und der Zufluß des Materials in den Einlauf $E$ begonnen hat, wird der Handhebel $H$ bis zur äußersten Stellung heruntergedrückt. Die Stellung der Wage in diesem Moment ist durch die punktiert gezeichneten Linien in Fig. 96 veranschaulicht. Durch den nach unten gedrückten Handhebel wird die Stange $M$ angehoben; der linke Wagebalkenarm drückt jetzt mittels der Stange K den Hebel T aufwärts; der letztere hebt mit Hilfe des Verbindungsstückes V den Gewichtshebel L und

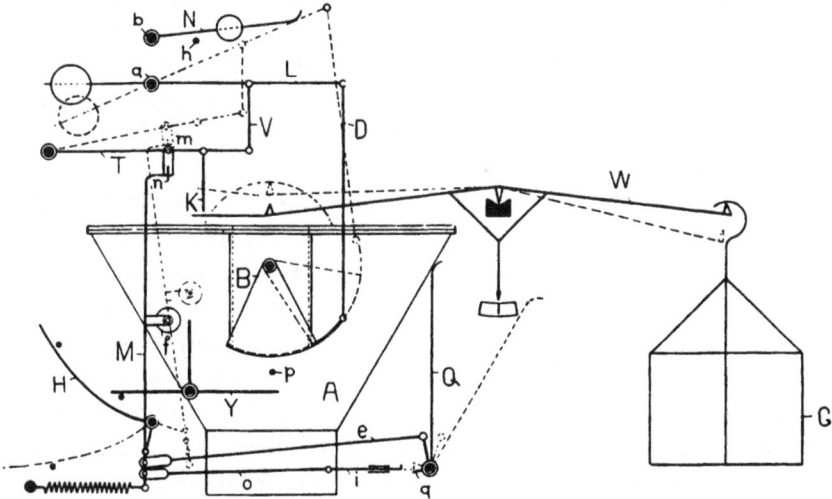

Fig. 96.

öffnet dadurch die Einlaufklappe B, so daß der Zufluß in den Sack in voller Stärke erfolgen kann.

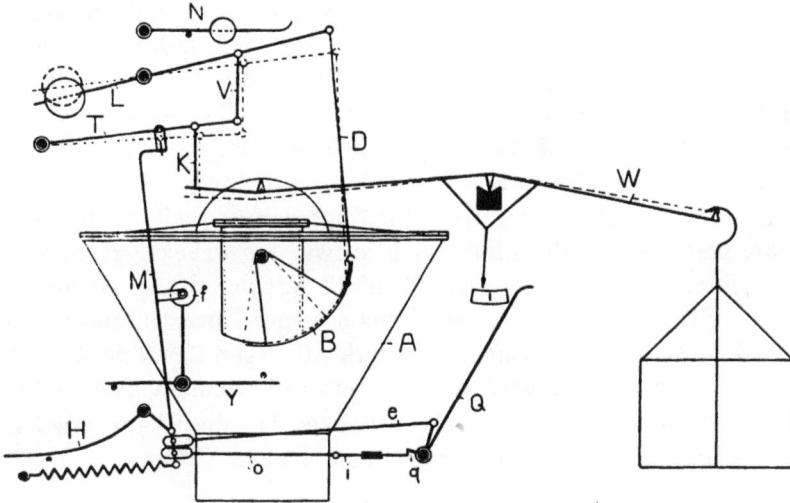

Fig. 97.

Beim Herabdrücken des Handhebels wird auch der Schläger Q, der bis dahin gegen den Trichter A drückte, von demselben entfernt und während der Dauer der Verwägung arretiert, indem sich der Hebel $q$ auf die von der Stange $o$ vorgeschobene Klinke $i$ legt.

Das nunmehr in den Sack geflossene Material drückt im Verein mit dem als Abstufung wirkenden Hebel $N$ und der Stange $M$ den Wagebalken abwärts, wodurch sich auch die Einlaufklappe $B$ langsam schließt, bis sich zunächst die Rolle $f$ der Stange $M$ auf die Schneide $y$ des dreiarmigen Hebels $Y$ auflegt, infolgedessen die Stange $M$ außer Tätigkeit tritt.

Der immer schwerer werdende Sack und der vom Hebel $N$ ausgeübte Druck bewirken ein weiteres Sinken des Trichters und damit Schließen der Einlaufklappe, bis auch der Hebel $N$ durch Aufsetzen auf den Anschlag $h$ außer Tätigkeit tritt. Diese Stellung zeigt Fig. 97.

Das von den Hebeln $T$ und $L$ sowie den Stangen $V$ und $K$ gebildete Gestänge drückt den Wagebalken weiter abwärts, bis sich der Zapfen $m$ des Hebels $T$ auf den Anschlag $n$ der Stange $M$ auflegt, wodurch beim weiteren Sinken des Wagebalkens der letztere außer Berührung mit dem Gestänge kommt. Die Einlaufklappe ist jetzt so weit geschlossen, daß das Material nur noch in einem feinen Strahl hindurchfließen kann. Diese Stellung wird durch die punktiert gezeichneten Linien in Fig. 97 veranschaulicht.

Sobald die richtige Füllung erreicht ist, drückt der am Trichter befindliche Anschlag $p$ auf den rechten Arm des dreiarmigen Hebels $Y$, der nach oben gerichtete Arm des letzteren wird dadurch etwas nach rechts gedrückt, infolgedessen die Rolle $f$ von der Schneide $y$ abgleitet; die jetzt lose herabhängende Stange $M$ verursacht durch ihr eigenes Gewicht das gänzliche Schließen der Einlaufklappe $B$, so daß der Zufluß in den Sack aufhört.

Die Stange $M$ wird durch die Zugfeder so weit nach links gedrückt, bis sich der gleichfalls nach aufwärts gedrückte Handhebel $H$ gegen seinen Anschlag legt. Die ebenfalls mit der Stange $M$ nach links gezogene Stange $o$ beraubt den Hebel $q$ seiner Unterstützung, infolgedessen der Schläger $Q$ mit eigener Federkraft gegen den Trichter schlägt und die Wandungen desselben von dem anhaftenden Staube befreit.

Nach Abnahme des gefüllten Sackes ist die Wage wieder betriebsfertig, und das Spiel beginnt von neuem.

### Regulieren und Kontrollieren der Wage.

Zur Regulierung der Wage dient der Regulierhebel $R$, welcher während der Dauer der Verwägung einen gleichbleibenden Druck

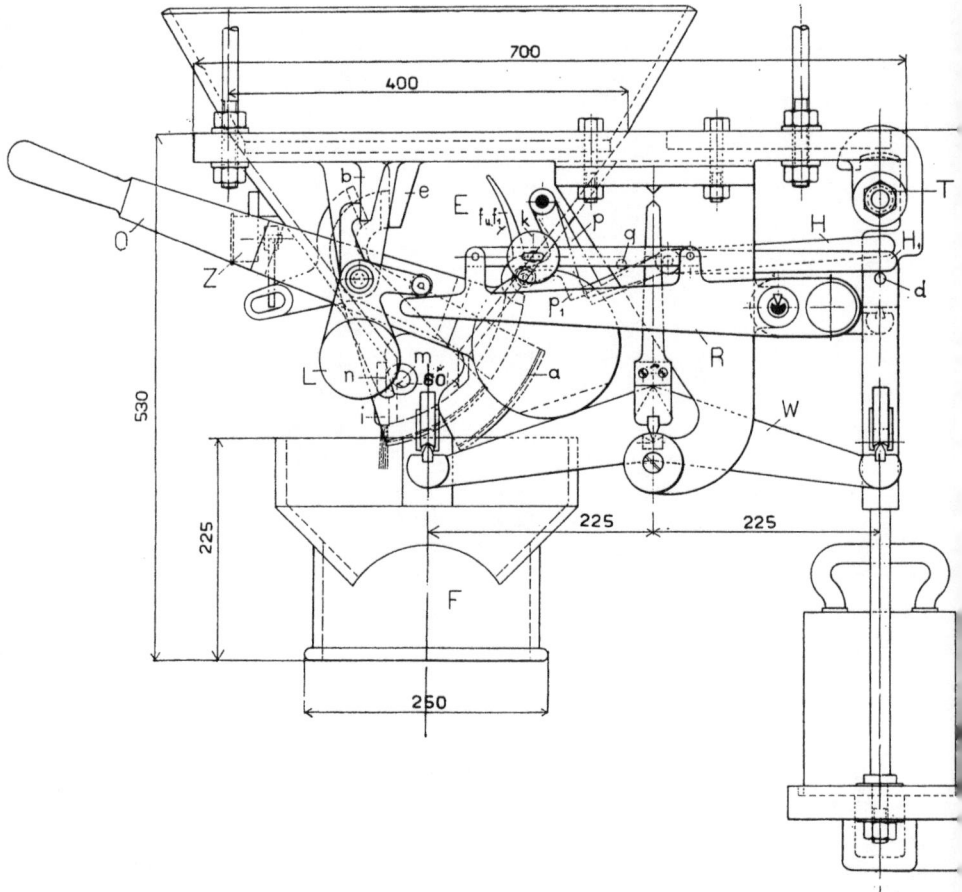

Fig. 98.

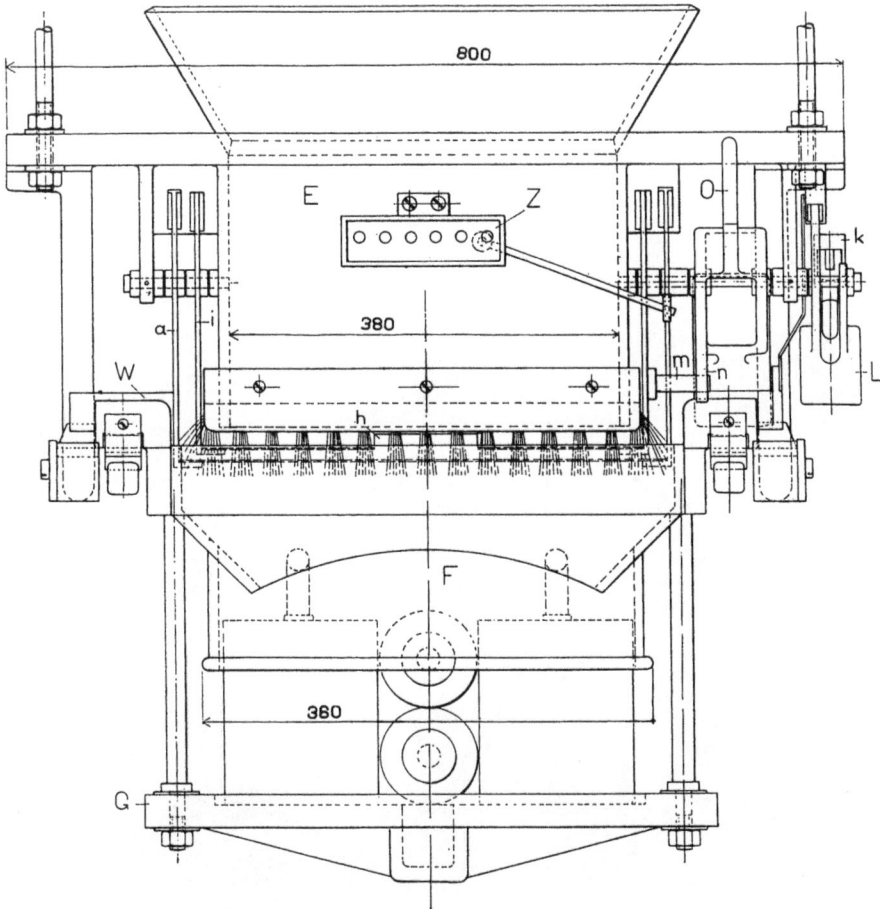

Fig. 99.

Druck und Verlag von R. Oldenbourg, München und Berlin.

gegen den Trichter nach unten ausübt. Durch Verschieben des Schiebegewichts *k* nach rechts oder links kann der Druck vergrößert oder verkleinert werden. Wenn das Gewicht einer Verwägung kontrolliert werden soll, so läßt man den Sack nach beendeter Füllung am Trichter hängen, legt den Griff *w* herum, damit die Stange *K* aus dem Bereich des Wagebalkens kommt und hängt den Regulierhebel in den Haken *u* ein, so daß die Wage frei schwingen kann. Gibt die Zunge des Wagebalkens einen Ausschlag nach rechts, so ist die Füllung zu leicht; in diesem Fall muß das Schiebegewicht des Regulierhebels nach rechts geschoben werden; der Druck desselben auf den Trichter wird geringer, der letztere senkt sich langsamer, und die Klappe *B* bleibt länger geöffnet, infolgedessen mehr Material in den Sack fließen kann.

Beim Ausschlag der Zunge nach links wird das Schiebegewicht nach links verschoben, weil hierbei durch schnelleres Schließen der Einlaufklappe der Zufluß vermindert wird.

## XI. Automatische Bruttoabsackwage für Getreide etc.
### Fig. 98—100.

Die Konstruktion einer automatischen Brutto-Absackwage für kleinkörniges Material, hauptsächlich Getreidearten wie Roggen, Weizen, Hafer usw., ist in den Fig. 98 u. 99 in Vorder- und Seitenansicht dargestellt. Die hauptsächlichsten Partien an dieser Wage sind der Wagebalken nebst Gewichtschale und Sackstutzen, der Einlauftrichter nebst dem Mechanismus zum Absperren und Öffnen des Zuflusses, die Abstufung und Reguliervorrichtung und das Zählwerk.

Der gleicharmige Wagebalken *W* besteht wie üblich aus dem durch Mittelsteg fest verbundenen Hinter- und Vorderbalken, dessen an letzterem befestigte, nach oben gerichtete Zunge den Ausschlag der Wage anzeigt. Mit seinen Mittelschneiden ruht der Balken auf den lose gelagerten Pfannen zweier Hängeböcke, welche an der Deckplatte befestigt sind. Der an letzterer befestigte Zapfen *T* und der hakenförmige Auslauf des Gewichtschalengehänges dienen zur Begrenzung des Wagebalkenausschlages.

Das Gehänge der Gewichtschale $G$ ist derartig ausgebildet, daß der Angriffspunkt des Regulierhebels lotrecht über dem Schwerpunkt der Gewichtschale liegt im Gegensatz zu den bisher beschriebenen, bei welchen der Angriffspunkt einseitig liegt.

Der zum Anhängen des zu füllenden Sackes dienende Sacktrichter $F$ hat oben rechteckigen, unten ovalen Querschnitt und hängt mittels lose gelagerter Pfannen in den Schneiden des Wagebalkens.

Der Zufluß des Materials erfolgt durch die trichterförmig ausgebildete Öffnung $E$ in der Deckplatte. Über der Einlauföffnung wird gewöhnlich noch ein Holztrichter befestigt. Zum Aufhängen bzw. Befestigen der Wage an jeder beliebigen Balkenlage dienen vier in der Deckplatte verschraubte Bolzen.

Das Absperren des Materialzuflusses in den Sack erfolgt durch die beiden seitlich des Einlauftrichters in Achsen gelagerte Klappen $a$ und $i$; die innere Klappe $i$ schließt sich zuerst und läßt das Material nur noch durch ein Streuloch hindurch; beim Zuschlagen der äußeren Klappe $a$ ist der Zufluß vollkommen abgesperrt. In der geschlossenen Stellung drückt die innere Klappe $i$ sanft gegen eine an der linken Trichterwand befestigte Bürste; die äußere Klappe dagegen schiebt sich unter dieselbe. Beide Klappen schlagen beim Zufallen mit der oberen Verlängerung des Klappenschildes gegen den Anschlag $e$.

In der geöffneten Stellung werden die Klappen von den Rollenhebeln $p$ und $p_1$ durch Eingreifen in die an den Klappenschildern befestigten Arme $f$ und $f_1$ arretiert.

Das Öffnen der Einlaufklappen erfolgt von Hand durch Herabdrücken des Handhebels $O$; die Nase $n$ desselben greift gegen den am inneren Klappenschild befestigten Bolzen $m$ und nimmt beide Klappen mit, welche dann in der beschriebenen Weise arretiert werden. Der Handhebel $O$ geht infolge Übergewichts wieder in seine alte Lage zurück.

Das Schließen der Klappen erfolgt beim Aufwärtsgehen der Gewichtschale, indem der an letzterer befindliche Stift $d$ die Stützhebel $H$ und $H_1$ von den Rollenhebeln $p$ und $p_1$ löst, wodurch die beiden Einlaufklappen ihrer Unterstützung beraubt werden und infolge der eigenen Schwere zuschlagen. Der Bolzen $q$ dient als Anschlag für die Hebel $H$ und $H_1$ während der Dauer des Zuflusses.

Als Abstufung dient der Gewichtshebel $L$ in Verbindung mit dem Regulierhebel $R$. Ersterer ist auf der Klappenachse lose gelagert; die am rechten Arm desselben befindliche Rolle drückt während der

Dauer des größten Zuflusses auf den langen Arm des Regulierhebels *R*. Gegen die Gewichtschale aufwärts wird hierbei ein Druck ausgeübt, welcher beim Beginn der Verwiegung am größten ist, allmählich abnimmt und kurz vor dem Schließen der inneren Klappe *i* gleich Null ist. Nach beendeter Funktion legt sich die obere Verlängerung des Hebels gegen den Anschlag *b*.

Die Regulierung erfolgt durch den Regulierhebel *R*, welcher am vorderen Hängebock mittels Schneide und Pfanne gelagert ist und dessen Angriffspunkt gegen die Gewichtschale lotrecht über dem Schwerpunkt derselben liegt. Der vom Regulierhebel gegen die Gewichtschale ausgeübte Druck hat während der Dauer der Streuung gleichbleibende Stärke, welche durch Verschieben des Gewichtes *k* verringert oder vergrößert werden kann.

Das von der Wage verwogene Gewicht bzw. die Anzahl der erfolgten Entleerungen werden an dem Zählwerk *Z* registriert. Der Antrieb desselben erfolgt beim Schließen und Öffnen der äußeren Klappe mittels einer am Klappenschild befindlichen Verlängerung.

Die vorstehend beschriebene Wage ist für eine jedesmalige Entleerung von 50 kg konstruiert; die Anzahl der Entleerungen pro Minute dürfte zwei nicht übersteigen.

### Arbeitsweise der Bruttowage.

Das zu verwiegende Material wird dem Einlauftrichter *E* zugeführt; an dem Sackstutzen *F* wird mittels Sackschnalle ein Sack angehängt. In dieser Stellung der Wage sind die beiden Einlaufklappen noch geschlossen; die Gewichtschale ruht in dem Zapfen *T*, und der bis zur höchsten Stellung gehobene Gewichtshebel *L* übt seinen größten Druck gegen die Gewichtschale aufwärts aus (Figur 100).

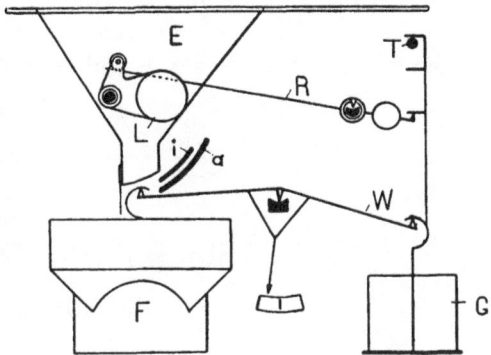

Fig. 100.

Beim Herabdrücken des Hebels *O* von Hand werden die beiden Einlaufklappen geöffnet, so daß das Material in voller Stärke durch die enge Trichteröffnung in den angehängten Sack fließen kann. Die beiden Ein-

laufklappen $a$ und $i$ werden in bekannter Weise von den Rollenhebeln $p_1$ und $p_2$ arretiert; den Handhebel $O$ läßt man in seine
Anfangsstellung zurückgeþen. Das in den angehängten Sack geflossene Material drückt im Verein mit dem Gewichtshebel $L$ die Gewichtschale nach aufwärts, so daß der an letzterer befindliche
Stift $d$ sich dem Stützhebel $H$ nähert und denselben schließlich anhebt, wodurch der Rollenhebel $p$ seiner Unterstützung beraubt wird und
nach rechts schnellt; die Arretierung der inneren Klappe $i$ ist damit
aufgehoben, und dieselbe schließt sich infolge ihrer eigenen Schwere.

Der Hauptzufluß ist jetzt abgesperrt, und das Material läuft nur
noch in einem dünnen Strahl durch die im inneren Klappenblech
befindliche Öffnung $h$ in den Sack.

Der Gewichtshebel $L$ hat sich inzwischen so weit gesenkt, daß
er sich kurz vor dem Schließen der inneren Klappe gegen seinen Anschlag $b$ legt und dadurch außer Tätigkeit tritt.

Der schon ziemlich gefüllte Sack und der vom Regulierhebel
ausgeübte Druck bewirken das weitere Aufwärtsgehen der Gewichtschale, bis sich der Stift $d$ dem Stützhebel $H_1$ nähert und durch Anheben desselben die äußere Klappe $a$ in derselben Weise wie vorher
die innere zum Schließen bringt.

Der Zufluß ist jetzt vollständig abgesperrt; der Sack wird abgenommen und ein anderer an seine Stelle gehängt, worauf das Spiel
der Wage von neuem beginnt.

Beim Kontrollieren einer Sackfüllung wird der Gewichtshebel $L$
von Hand angehoben, wodurch der Regulierhebel $R$ außer Berührung
mit dem Wagebalken kommt, so daß die eigentliche Wage frei schwingen
kann. Das Regulieren erfolgt darauf in bekannter Weise durch Versetzen
des Schiebegewichts $k$ des Regulierhebels nach rechts oder links.

## XII. Automatische Rollbahnwage.

### Fig. 101—106.

Als letzte in der Reihe der eichfähigen Wagen kommt nachstehend
eine automatische Rollbahn- oder Laufgewichtswage zur Besprechung.

Diese Art von Wagen gelangt vorzugsweise in Berg- und Hütten-
werken zur Anwendung; mittels Förderwagen wird das Material auf

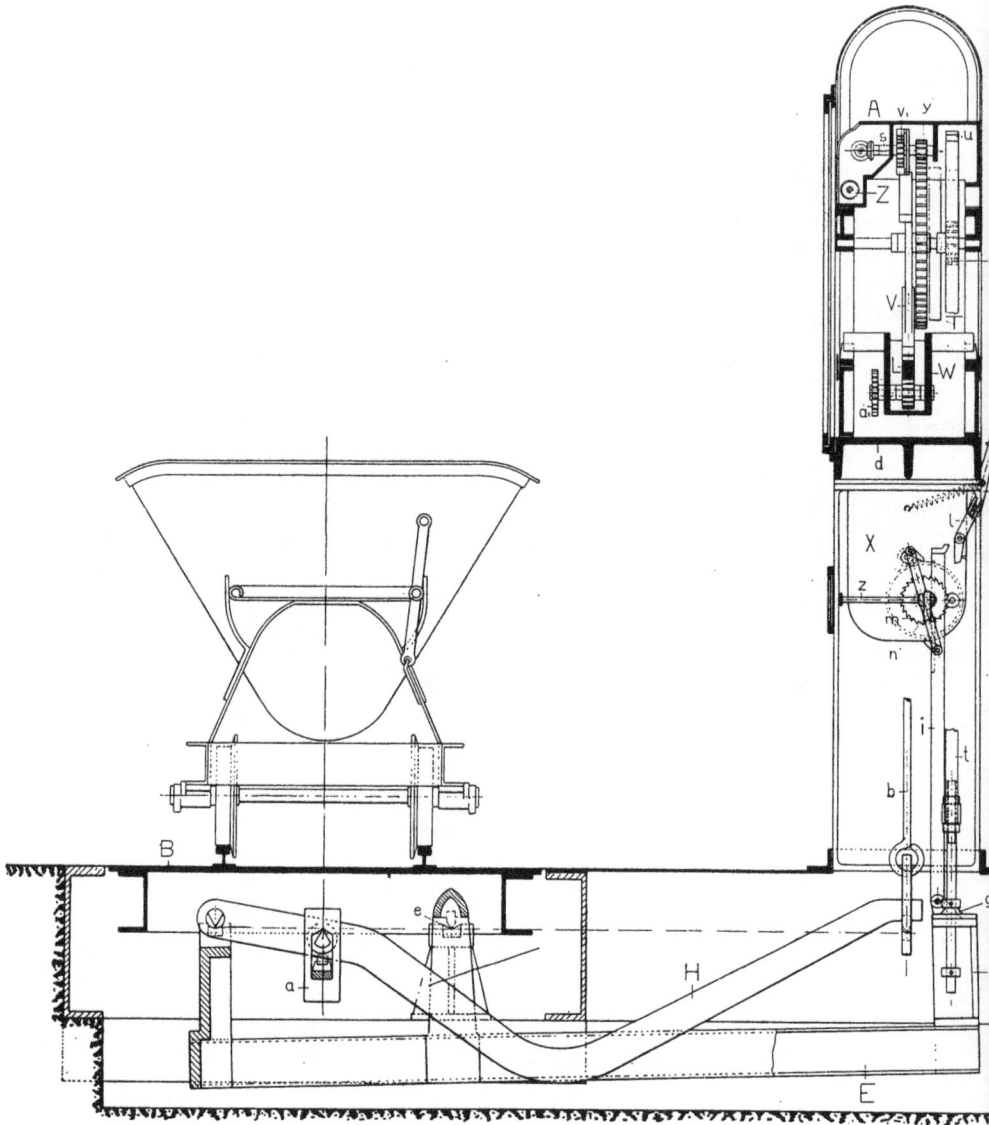

Fig. 101.

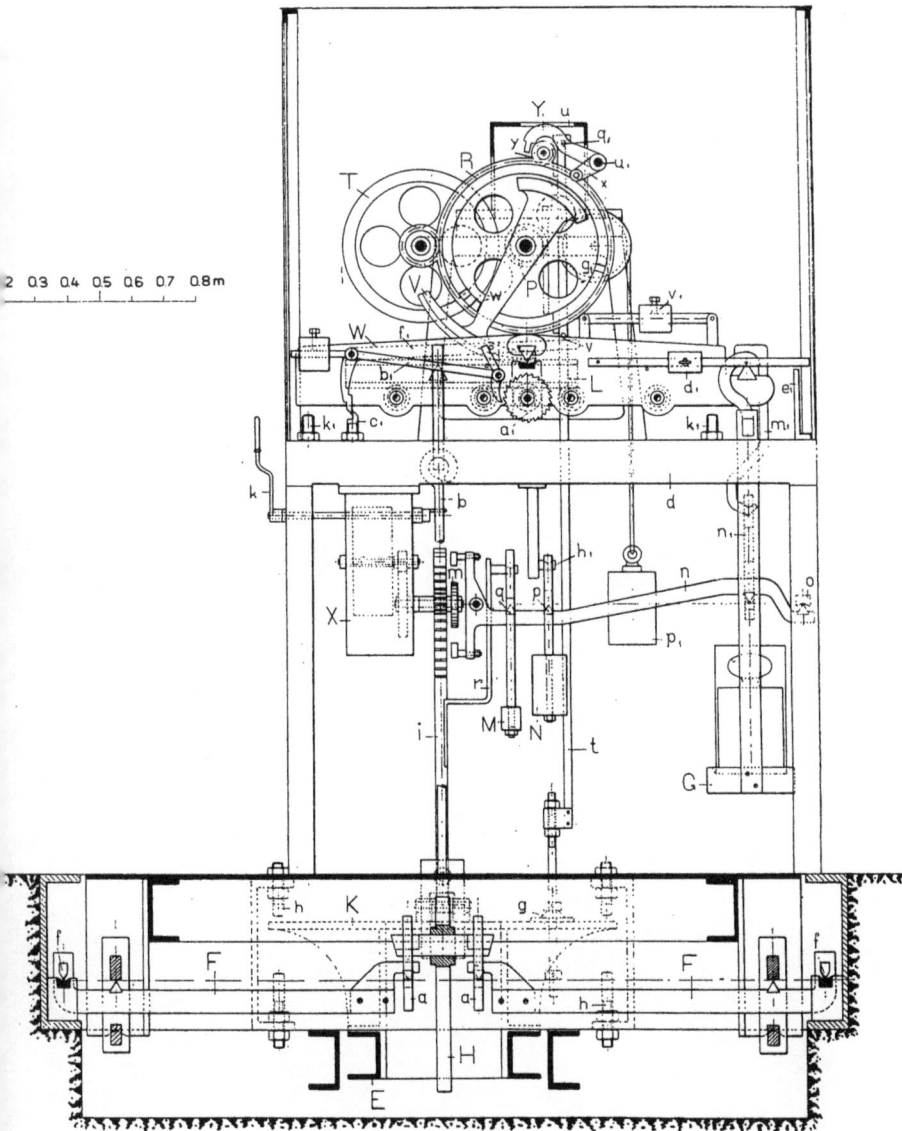

Fig. 102.

Druck und Verlag von R. Oldenbourg, München und Berlin.

die Brücke der Wage gefahren, durch Drehung eines Handhebels wird die Wage in Tätigkeit gesetzt, worauf nach einigen Sekunden an einem von außen sichtbaren Zähler das Bruttogewicht markiert wird. Mittels eines vom vorigen unabhängigen Zählers wird fortlaufend die Anzahl der verwogenen Ladungen registriert. Zwecks Feststellung des in einem gewissen Zeitraum verwogenen Nettogewichts wird die Anzahl der Ladungen mit dem Gewicht eines leeren Wagens multipliziert. Die erhaltene Summe wird von dem am Zähler markierten Bruttogewicht subtrahiert. Vorbedingung für die Richtigkeit dieser Rechnung ist, daß die Wagen gleich schwer sind.

Die Bezeichnung der Wage als automatische Laufgewichtswage rührt daher, weil durch ein im Innern des Wagebalkens befindliches Laufgewicht das Gleichgewicht der Wage beim Wägevorgang hergestellt wird.

Die nachstehend beschriebene Wage ist für eine Mindestlast von 650 kg und für eine Höchstlast von 700 kg eingerichtet, d. h. die Wage arbeitet nur, wenn das Bruttogewicht der auf der Brücke befindlichen Last nicht leichter wie 650 kg und nicht schwerer wie 700 kg ist. Wird die Wage mit einer Last befahren, deren Bruttogewicht außerhalb dieser Grenzen liegt, so wird von einer außen sichtbaren Zunge angezeigt, ob die Last zu leicht oder zu schwer ist.

Eine Verminderung oder Erhöhung der Belastung um ca. 20 % läßt sich außer anderem durch Erleichterung oder Beschwerung der Gewichtschale und Änderung des Zählwerks erreichen.

Von den zu diesem Abschnitt gehörigen Abbildungen zeigt Fig. 101 den Querschnitt der Wage in der Richtung des Übertragungshebels, Fig. 102 einen Querschnitt durch die Mitte der Wage nebst Ansicht des Wiegegehäuses, Fig. 103 zeigt die Anordnung der Gewichtschale und des Zählwerks, während Fig. 104 die äußere Ansicht des Wiegegehäuses darstellt. Endlich zeigen die Fig. 105 u. 106 die Hauptteile der Wage in schematischer Darstellung, und zwar ist in Fig. 105 die Gleichgewichtslage der Wage bei belasteter Brücke dargestellt, während Fig. 106 die Anfangs- oder Ruhestellung der Wage zeigt.

## Beschreibung der Rollbahnwage.
### Fig. 101—104.

Zum besseren Verständnis dieses Abschnittes kann man sich die Wage in fünf Hauptpartien oder Mechanismen zerlegt denken. Diese sind folgende:

1. Die von der Brücke, der Gewichtschale und dem Hauptwage-balken gebildete eigentliche Wage.

2. Die Vorrichtung zum Ein- und Ausschalten der Wage nebst dem Mechanismus zur Verminderung des beim Befahren der Brücke entstehenden Stoßes.

3. Die Sicherung gegen das Zustandekommen der Verwägung, wenn das Bruttogewicht der Last außerhalb des Wiegebereiches der Wage liegt.

4. Der Laufgewichtsmechanismus.

5. Das Zählwerk.

### 1. Die eigentliche Wage.

In dem Unterbau der Wage sind in üblicher Weise die Hebel $F$ bei $f$ gelagert und an der Hauptschneide des Übertragungshebels $H$ mittels der beiden Gehänge $a$ eingehängt. Die Brücke $B$ ruht auf den vier Schneiden der beiden gabelförmig auslaufenden Hebel $F$.

Der rechte Arm des Übertragungshebels $H$ hängt vermittelst der Zugstange $b$ sowie zweier Gehänge an dem Hauptwagebalken $W'$, dessen Mittelschneide auf einer Platte $d$ am Wiegegehäuse gelagert ist. Die rechte Schneide des Wagebalkens $W$ trägt vermittelst eines Ge-hänges die Gewichtschale $G$.

### 2. Die Einschalt- und Hemmvorrichtung.

Der linke Arm des Übertragungshebels $H$ stützt sich auf einen Schwingenhebel $E$, welcher mit seinen Mittelschneiden $e$ auf Quer-verbindungen des Unterbaues ruht. Am längeren Arm des Schwingen-hebels ist ein Gegengewichtskasten $K$ befestigt, auf welchem eine durchbohrte Stahlschneide $g$ aufgeschraubt ist. Durch die vier An-schläge $h$ des Gewichtskastens wird der Hub des letzteren nach oben und unten begrenzt. An dem Gewichtskasten $K$ ist ferner die Zahn-stange $i$ gelenkartig befestigt; letztere greift in das Getriebe eines Windflügelhemmapparates $X$, welcher an der Platte $d$ befestigt ist. Der Zweck des Hemmapparates ist die Minderung oder Dämpfung der Stöße, welche die plötzlich auf die Wagenbrücke auffahrende Last der Schwinge $E$ erteilt.

Der außerhalb des Gehäuses befindliche Handhebel $k$ dient zum Ein- und Ausschalten der Wage. Die Achse desselben läuft in einen exzentrischen Ansatz aus, welcher in den oberen Arm eines zwei-

armigen Hebels *l* eingreift. In der abwärtsgedrehten Lage des Handhebels legt sich der untere Hebelarm von *l* über eine am oberen Ende
der Zahnstange *i* befestigte Stahlklinke, wodurch die ganze Wage
arretiert ist. Nur wenn der Handhebel hoch gestellt ist, kann sich

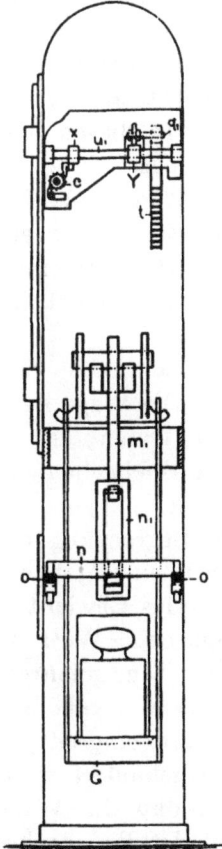

Fig. 103.

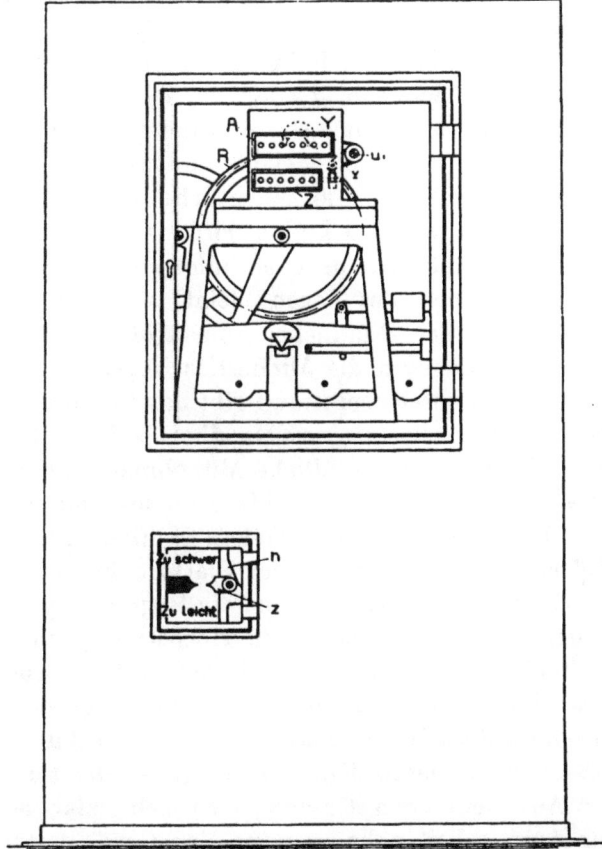

Fig. 104.

die Zahnstange *i* und damit die Schwinge *E* nach oben bewegen,
wodurch erst das Automatenwerk der Wage in Funktion gebracht wird.

## 3. Sicherung gegen unrichtige Wägung bei zu hoher oder zu geringer Last.

An der rechten Schneide des Hauptwagebalkens *W* hängt außer
der Gewichtschale unter Vermittelung der beiden Gehänge $m_1$ und $n_1$

7*

der Hebel n, welcher am Wiegegehäuse in zwei Schneiden o gelagert ist. Dieser Hebel ist an beiden Enden gabelförmig ausgebildet und am linken Ende mit zwei Sperrklinken versehen, welche in ein Sperrrad m eingreifen können. Das letztere ist auf der Hauptantriebswelle des Hemmapparates X neben dem Antriebsrad desselben befestigt und macht beim Gang der Wage die Umdrehungen des Zahnrades mit.

Auf dem Hebel n befinden sich außerdem die beiden Schneiden q und p. Die Schneide q trägt ein leichtes Reitergewicht M, welches derart justiert ist, daß es die Mindestlast der Wage, in diesem Fall also 650 kg, genau ausgleicht, und zwar in der Anfangsstellung der Wage, wie aus Fig. 106 ersichtlich. Ist die auf die Wage gefahrene Last leichter wie 650 kg, so wird das Reitergewicht M selbstredend den Hebel n abwärts drücken, infolgedessen die obere Klinke in einem Zahn des Sperrades liegen bleibt, wodurch die Wage gesperrt ist, selbst wenn der Handhebel k nach oben steht.

Wenn dagegen die Mindestlast erreicht bzw. überschritten wird, so hebt sich der Hebel n und gibt das Sperrad m frei. Die Wage kann jetzt, nach Auslösung des Handhebels k, in Tätigkeit treten; der an der Zahnstange i befindliche Mitnehmer r hebt beim Hochgehen das Gewicht M von der Schneide q ab und nimmt es mit.

Die Schneide p des Hebels n dient als obere Begrenzung des Hubes von n. In der an der Platte d befestigten Schneide $h_1$ hängt ein Gewicht N, dessen Pfanne die Begrenzung bildet. Das Gewicht N ist derartig justiert, daß es die Höchstlast genau ausgleicht. Wird ein die Höchstlast übersteigendes Gewicht auf die Brücke der Wage gefahren, so wird der Hebel n unter Mitnahme des Gewichtes N so weit gehoben, daß die untere Sperrklinke des Hebels n in das Sperrad m eingreift, so daß auch in diesem Falle die Wage an der Funktion gehindert wird.

Aus dem eben Geschilderten geht klar hervor, daß die Wage nur dann arbeiten kann, wenn das Gewicht der auf der Brücke befindlichen Last innerhalb des Wiegebereiches der Wage liegt.

Um dem die Wage bedienenden Arbeiter anzuzeigen, ob die auf der Brücke befindliche Last zu leicht oder zu schwer ist, befindet sich am Wiegegehäuse eine mittels Glastür verschließbare Öffnung, auf der dahinter befestigten Messingplatte stehen oben die Worte »Zu schwer«, unten die Worte »Zu leicht«. Bei Belastung der Brücke mit einer innerhalb des Wiegebereiches der Wage liegenden Last spielt der am Hebel n befestigte Zeiger z mit dem am Gehäuse befestigten Gegenzeiger ein. Im andern Falle gibt der Zeiger z die Ursache des Nichtfunktionierens der Wage an.

### 4. Der Laufgewichtsmechanismus.

Zwischen zwei auf der Platte $d$ befestigten Ständern ruht in seinen Mittelschneiden der Wagebalken $W$, dessen Ausschlag durch die beiden Anschläge $k_1$ begrenzt wird. Im Innern des Wagebalkens befindet sich ein auf Rollen gelagertes, oben und unten mit Zahnteilung versehenes Laufgewicht $L$. In die obere Zahnung des letzteren greift ein Segment $V$, welches lose auf der Hauptzahnradwelle sitzt, ein; das in die untere Verzahnung eingreifende Zahnrad ist mit dem außerhalb des Balkens befindlichen Sperrad $a_1$ fest verbunden.

Der am Wagebalken gelagerte dreiarmige Hebel $b_1$ läuft in seinem unteren Arm in eine Stahlschneide aus, die zunächst von einer an der Platte $d$ befestigten Gegenschneide $c_1$ zurückgehalten wird. Eine am rechten Arm befindliche Sperrklinke wird mit der nach aufwärts gerichteten Verlängerung zwischen zwei am Wagebalken befindlichen Stiften geführt. Das am linken Arm befindliche Gegengewicht gleicht das Eigengewicht des Winkelhebels aus und ist bestrebt, den rechten Arm desselben nach aufwärts zu drücken. Wie aus Fig. 102 ersichtlich, ist die Sperrklinke des Winkelhebels außer Kontakt mit dem Sperrad $a_1$, solange der Winkelhebel von der Gegenschneide $c_1$ arretiert ist.

Das außerhalb des Wagebalkens verschiebbar angebrachte Gewicht $d_1$ dient dazu, den Zeitunterschied zwischen dem Beginn der Abwärtsbewegung des Wagebalkens an der Gewichtschalenseite und dem Einfallen der Sperrklinke des Hebels $b_1$ in das Sperrad $a_1$ auszugleichen; dasselbe dient also gewissermaßen als Voreilgewicht.

Das nach erfolgter Auslösung des Winkelhebels von der Gegenschneide $c_1$ notwendige Zurückgehen desselben in die Anfangsstellung geschieht durch den mit dem Hebel $b_1$ fest verbundenen Hebel $f_1$ und einen an der Stange $t$ befindlichen Anschlag $v$.

Die Austarierung des Wagebalkens erfolgt durch ein auf demselben verschiebbar angeordnetes Gewicht $v_1$.

### 5. Der Betrieb der Zählwerke.

Wie schon anfangs bemerkt, befinden sich an der Wage zwei Zählwerke, von denen das obere, $A$, auch Additionsapparat genannt, das verwogene Bruttogewicht laufend registriert, während der untere Zähler $Z$ nur die Anzahl der verwogenen Ladungen markiert. Auf die eigentliche Konstruktion des Zählwerks $A$ und $Z$ soll hier nicht eingegangen werden, sondern nur auf den Antrieb bzw. die Betätigung desselben beim Gang der Wage.

Durch die hohle, am Gewichtskasten $K$ befestigte Schneide $g$ greift die unten rund auslaufende und mit zwei Stellringen versehene Stange $t$. An deren oberem Teil ist eine Zahnstange befestigt, welche mit dem Hauptantriebsrad $P$ des Automatenwerkes in Eingriff steht. Am oberen Ende der Stange $t$ befindet sich ein Mitnehmer $u$, welcher einen Nullstellungshebel $Y$ betätigt.

Auf der Welle des Hauptantriebszahnrades $P$ befindet sich zwischen letzterem und dem oben erwähnten Segment $V$ das große Zahnrad $R$, welches mit dem Antriebszahnrad $y$ des Additionsapparates $A$ in Eingriff steht.

Das lose auf der Zählerwelle $s$ sitzende Zahnrad $y$ steht jedoch nicht unmittelbar mit dem Additionsapparat in Eingriff, sondern ein am Zahnrad befestigter Hebel mit zwei Sperrklinken greift dergestalt in ein mit dem Additionsapparat fest verbundenes Sperrad $v_1$ ein, daß bei Vorwärtsbewegung des Laufgewichtes $L$ der Apparat betätigt wird, während bei dem Rückwärtsgang des Laufgewichts der Apparat in der einmal eingenommenen Stellung stehenbleibt. In der Anfangs- oder Nullstellung der Wage ist das große Zahnrad $R$ durch Eingreifen des Hebels $Y$ in die Öffnung $w$ des Rades $R$ arretiert.

Außer dem Additionsapparat steht noch ein am Gestell gelagertes Schwungrad $T$ mit dem Rade $R$ vermittelst Sperr- und Zahnrad in Eingriff.

Das mittels Schnur mit der Stange $t$ verbundene Gegengewicht $p_1$ dient dazu, das Eigengewicht der Stange dermaßen auszugleichen, daß dieselbe nach beendeter Verwägung langsam in ihre unterste Lage zurücksinkt.

Der Antrieb des unteren Zählers $Z$ erfolgt beim Aufwärtsgehen der Stange $t$ durch den Hebel $x$, welcher mit dem Nullstellungshebel $Y$ auf einer gemeinsamen Achse $u_1$ befestigt ist. Die auf und ab gehende Bewegung des Hebels $x$ wird mittels Klinke und Sperrad $c$ auf den Zähler $Z$ übertragen.

### Arbeitsweise der Rollbahnwage.
#### Fig. 105 u. 106.

Die Lage der einzelnen Mechanismen in der Ruhe- oder Anfangs- stellung der Wage ist in Fig. 106 schematisch dargestellt. Der Schwin- genhebel $E$ drückt gegen den unteren der beiden Anschläge $h$ und ist im übrigen durch den Hebel $l$, welcher oben auf die Zahnstange $i$ drückt, arretiert; das Laufgewicht $L$ befindet sich in seiner äußersten

Stellung links. Der durch die Gewichtschale $G$ abwärts gedrückte Wagebalken $W$ stützt sich auf seinen Anschlag $k_1$. Der Windflügelhemmapparat $X$ ist durch Eingreifen der Klinke des Hebels $n$ in das Sperrad $m$ arretiert; desgleichen der in der Nullstellung befindliche Additionsapparat $A$ durch den Nullstellungshebel $Y$, welcher in die am Rade $R$ befindliche Öffnung $w$ eingreift.

Wird jetzt eine Last, deren Bruttogewicht innerhalb des Wiegebereiches der Wage liegt, auf die Brücke $B$ der Wage geschoben und durch Herumdrehen des Handhebels $k$ der Hebel $l$ von der Zahnstange $i$ entfernt, so senkt sich unter der Last die Brücke mit den Hebeln $F$, letztere drücken unter Vermittelung der Gehänge $a$, des Übertragungshebels $H$ sowie der Zugstange $b$ den Wagebalken $W$ zurück bis an dessen linksseitigen Anschlag $k_1$, wodurch der Hebel $n$ angehoben und das Sperrad $m$ des Hemmapparates frei wird; desgleichen wird der Schwingenhebel $E$ mit dem Gewichtskasten $K$ nach aufwärts gedrückt, in der Bewegung gebremst durch den erwähnten Hemmapparat $X$.

Die durchbrochene Schneide $g$ greift unter den oberen Stellring der Stange $t$, wodurch dieselbe angehoben wird und zunächst den Nullstellungshebel $Y$ vom Rade $R$ auslöst. Das mit dem Rade $P$ mittels Bolzen und Langloch im losen Zusammenhang stehende Zahnrad $R$ wird durch die nach aufwärts gedrückte Zahnstange $t$ nach Auslösung des Nullstellungshebels $Y$ gleichfalls in Drehung versetzt, ebenso das mit $R$ in Eingriff stehende Schwungrad $T$.

Inzwischen hat sich der Schwingenhebel $E$ gegen den oberen Anschlag $h$ gelegt, in welcher Lage derselbe bis zum Schluß der Verwägung stehenbleibt. Die bis jetzt zwangläufig nach aufwärts gedrückte Zahnstange $t$ hat in diesem Moment dem Schwungrade $T$ seine größte Energie gegeben, während seiner Weiterbewegung in derselben Drehrichtung gibt das Schwungrad, welches sich in derselben Richtung weiterdreht, die aufgespeicherte Kraft an das Rad $R$ ab, der Anschlag $w$ des letzteren nimmt das Segment $V$ mit, welches wiederum das Laufgewicht $L$ so weit nach rechts schiebt, bis die Gleichgewichtslage des Wagebalkens $W$ erreicht ist. Der letztere befindet sich jetzt in seiner wagerechten Stellung, beim weiteren Sinken der Gewichtschale löst sich die Schneide des dreiarmigen Hebels $b_1$ von der Gegenschneide $c_1$; das Gegengewicht drückt die Klinke des Hebels gegen das Sperrad $a_1$, wodurch das Laufgewicht sofort arretiert wird und damit das ganze Automatenwerk stillsteht.

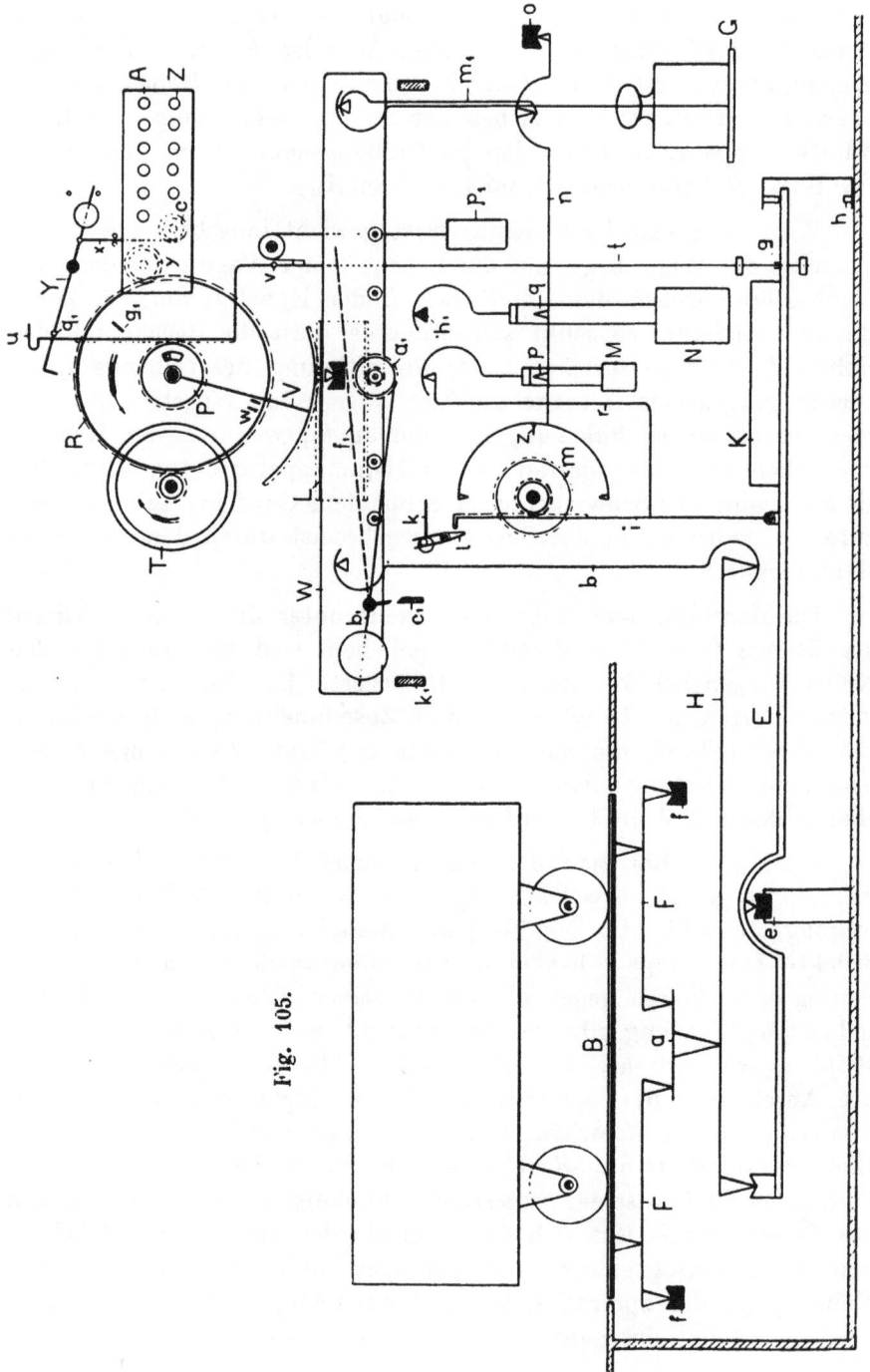

Fig. 105.

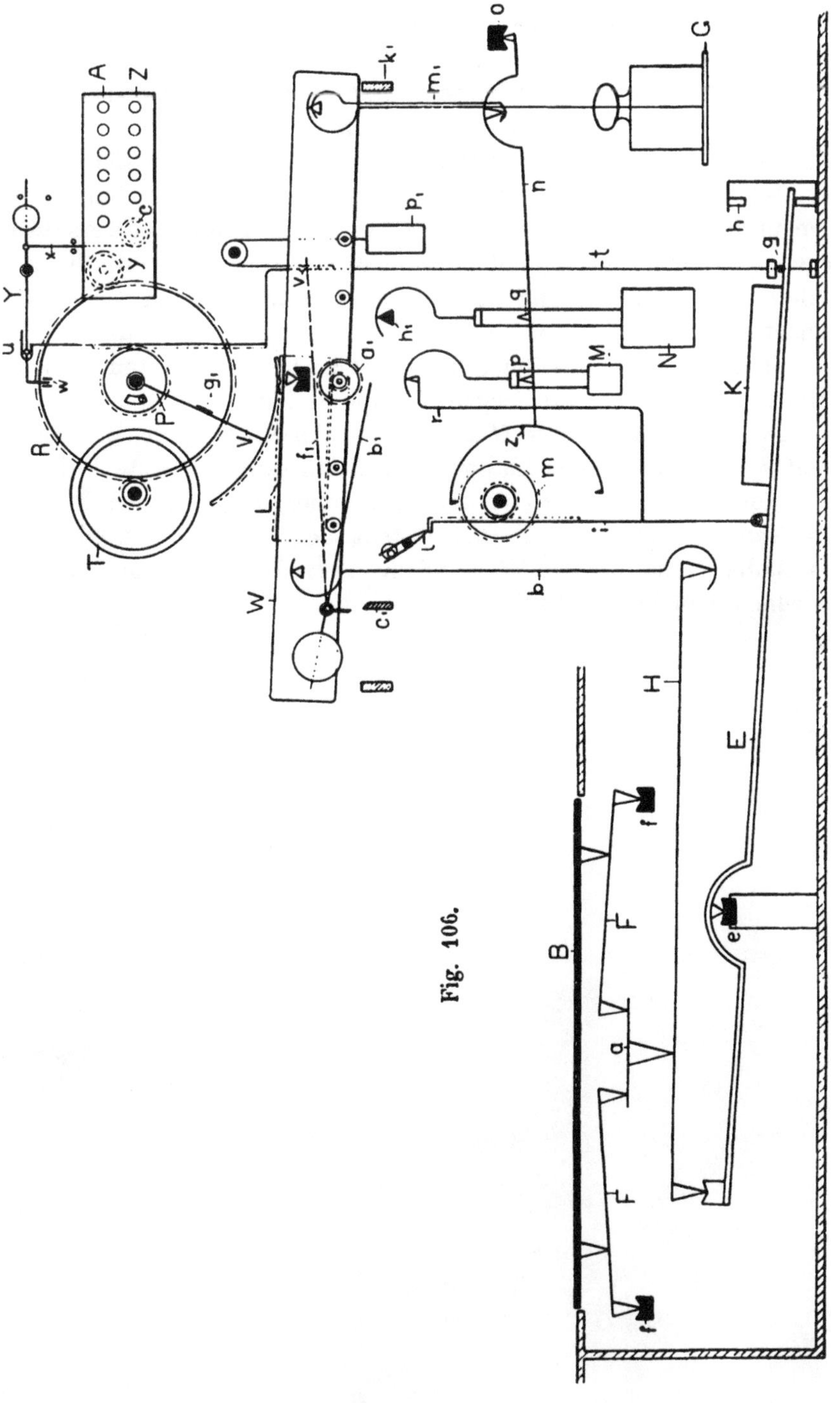

Fig. 106.

Die Stellung der Wage in diesem Moment ist in Fig. 105 schematisch dargestellt. Die Wage kann jetzt frei schwingen, denn das Voreilgewicht $d_1$ legt sich gegen die Stütze $e_1$, wenn die Gewichtschalenseite des Wagebalkens unter der wagerechten Lage liegt.

Sobald die Last von der Wage abgefahren ist, senkt sich zunächst der Schwingenhebel $E$ mit dem Gegengewicht $K$ und nimmt mit dem unteren Stellring der Stange $t$ das ganze Automatenwerk in entgegengesetzter Richtung mit. Dabei drückt der an $t$ befindliche Anschlag $v$ den Hebel $f_1$ und damit den mit letzterem fest verbundenen dreiarmigen Hebel $b_1$ nieder, so daß die Sperrklinke des letzteren das Sperrad $a_1$ freigibt und gleichzeitig die nach unten gerichtete Schneide sich hinter die Gegenschneide $e_1$ legt.

Der am großen Rade $R$ befindliche Anschlag $g_1$ drückt das Segment $V$ und damit das Laufgewicht $L$ auf seine äußerste linke Stellung zurück. Zuletzt greift der Mitnehmer $u$ gegen den Bolzen $q_1$ des Nullstellungshebels $Y$ und drückt denselben in die Öffnung $w$ des Rades $R$, so daß die Wage wieder betriebsfähig ist und das Spiel derselben von neuem beginnen kann.

# II. Abschnitt.

## Automatische Wagen der Gruppe B.

Zum besseren Verständnis der in diesem Abschnitt zur Besprechung kommenden Wagen mögen einige Zeilen vorausgeschickt werden. Die im vorigen Abschnitt behandelten Wagen sind bekanntlich nach eichbehördlichen Vorschriften konstruiert, mit Kontroll- und Reguliervorrichtung versehen, wodurch etwaige Differenzen in der Gefäßfüllung auf das geringste zulässige Maß reduziert werden können. Aus diesen Gründen sind die vorbeschriebenen Wagen in jedem Handelsbetriebe zulässig, wo dieselben an Stelle gewöhnlicher geeichter Balken- oder Dezimalwagen treten sollen.

Anders verhält es sich dagegen mit den nachstehend beschriebenen Konstruktionen; bei denen fehlt die Kontrolliervorrichtung gänzlich, und die Reguliermöglichkeit ist sehr beschränkt. Aus diesem Grunde finden dieselben nur als Kontrollwagen Verwendung und kommen als Handelswagen nicht in Betracht. Eine vollständige Abweichung zeigen diese Wagen in der Form des Wagebalkens und der Gewichtschale; ersterer ist unsymmetrisch, und die drei Schneiden bilden eine gebrochene Linie mit der Mittelschneide im tiefsten Punkt. Infolge der Schwerpunktslage, oberhalb der Mittelschneide, wird stoßweises Arbeiten erreicht im Gegensatz zum allmählichen Schwingen der gleicharmigen und symmetrischen Wagebalken. Die Gewichtschale ist meist aus einem Stück gegossen, dessen mit Blei ausgefüllter Hohlraum die Gewichtstücke ersetzt.

Zum Schluß soll nicht unerwähnt bleiben, daß diese Art automatischer Wagen heute nur noch in geringer Anzahl auf den Markt gebracht werden, da dieselben von den geeichten Wagen allmählich verdrängt werden dürften; der Vollständigkeit halber werden dieselben in diesem Buche aufgenommen, denn in bezug auf ihre Konstruktion und Arbeitsweise verdienen sie dasselbe Interesse wie die geeichten Wagen.

# 1. Automatische Flüssigkeitswage.
## Fig. 107—109.

### a) Beschreibung.

Die in den Fig. 107 u. 108 in Seiten- und Vorderansicht zur Darstellung gebrachte Wage wird vorwiegend als Kontrollwage zur Ermittelung der Ausbeute in Ölmühlen benutzt, kann aber auch für alle sonstigen Flüssigkeiten benutzt werden.

Die Hauptteile der Wage sind der Einlauf nebst dem Mechanismus zum Öffnen und Schließen desselben, der Wagebalken nebst Gefäß und Gewichtschale, die Vorrichtung zum Entleeren des Gefäßes und das Zählwerk.

Der an dem Untersatz $C$ befestigte bügelförmige Bock und das an letzterem befestigte Einlaufrohr $E$ bilden zusammen das feste Gestell der Wage. Die zu verwiegende Flüssigkeit passiert nach Durchfließen des Einlaufrohres die Klappe $B$ und fließt dann in das Gefäß $F$, in welchem die Verwiegung stattfindet. Das Absperren des Zuflusses erfolgt zunächst beim Schließen der Drosselklappe $K$; der mit letzterer auf einer Achse befestigte Hebel $L$ drückt mittels der Rolle $e$ auf den Wagebalken, mit dessen Auf- und Abwärtsgehen sich die Klappe $K$ öffnet und schließt. Das durch die in letzterer befindliche Öffnung $o$ durchfließende Öl usw. wird bei genügender Gefäßfüllung beim Hochschlagen der Klappe $B$ durch den Auslauf $a$ nach außen abgeleitet. Der ebenfalls auf der Klappenachse befestigte Sicherheitshaken $N$ soll das Entleeren des Gefäßes $F$ verhindern, wenn die Klappe $K$ sich aus irgendeinem Grunde nicht schließen kann, sei es durch absichtliche oder zufällige Verstopfung des Ein-

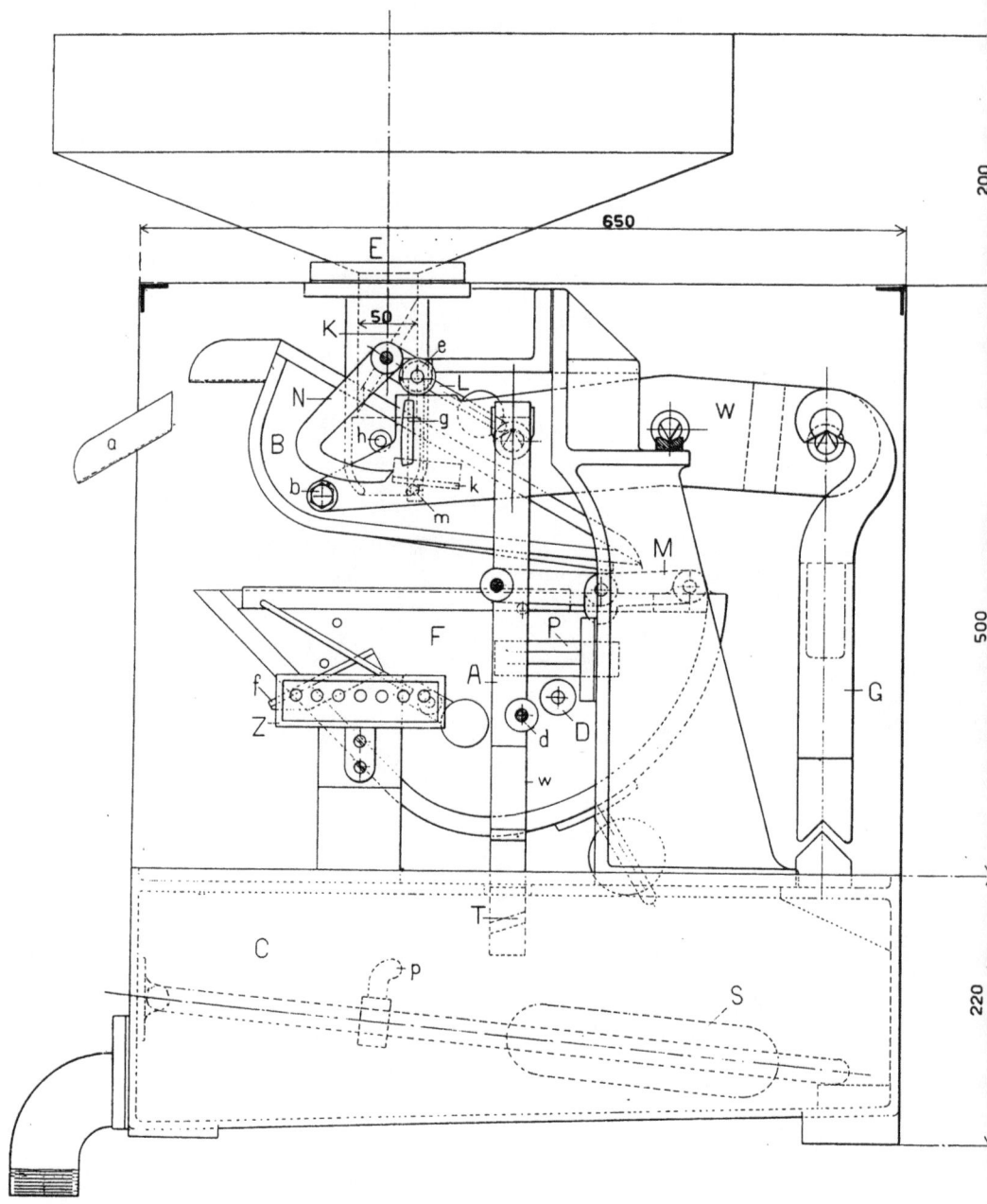

Fig. 107.

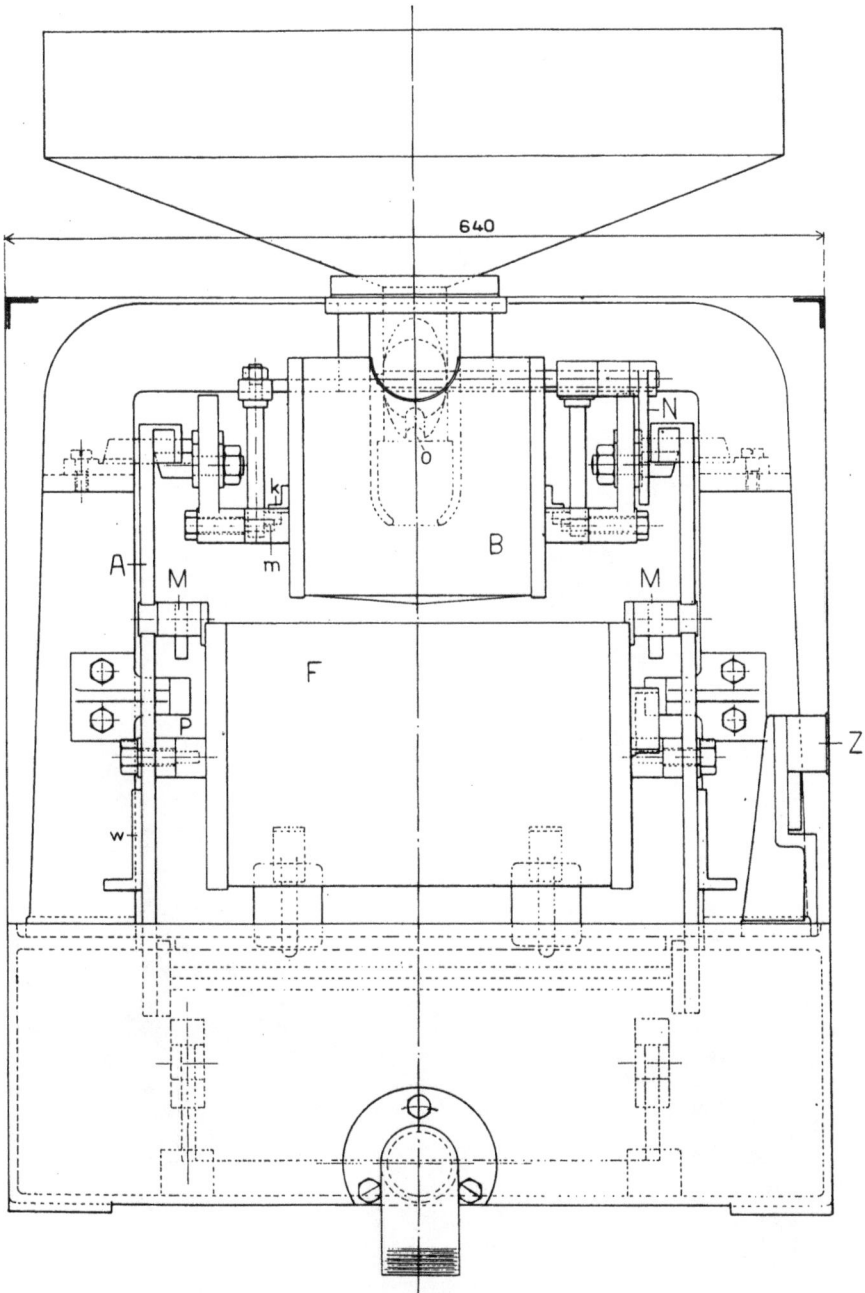

Fig. 108.

Druck und Verlag von R. Oldenbourg, München und Berlin.

laufrohres *E*. In diesem Falle kann sich der Wagebalken nur so weit senken, bis der an letzterem befindliche Nocken *g* sich auf den Haken *N* auflegt; von diesem Moment an wird die Flüssigkeit durch die angehobene Klappe *B* nach außen abgeführt. Der von *N* arretierte Wagebalken verhindert die Entleerung des Gefäßes *F* solange, bis die Verstopfung beseitigt und der normale Zufluß wieder hergestellt ist.

Die schon erwähnte Klappe *B* ist zwischen beiden Wagebalkenarmen in den Zapfen *b* gelagert; in der geöffneten Stellung legt sich der Anschlag *h* derselben gegen den Wagebalken; das Schließen der Klappe erfolgt beim Abwärtsgehen des Wagebalkens mittels der feststehenden Zapfen *m* und der an den Klappenwänden befestigten Schienen *k*.

Der Wagebalken *W* besteht aus dem mittels Steg fest verbundenen Vorder- und Hinterbalken mit je drei eingeschraubten Schneiden; letztere liegen in einer gebrochenen Linie, in welcher die Mittelschneide den tiefsten Punkt bildet. An der Verlängerung des linken Armes ist die schon erwähnte Klappe *B* in den Zapfen *b* gelagert. An der rechten Seite des Wagebalkens hängt in eingesetzten Stahlpfannen die Gewichtschale *G*, deren Hohlraum bis zur erforderlichen Schwere mit Blei ausgegossen wird.

Der linke Arm des Wagebalkens trägt in dem Gehänge *A* das zur Aufnahme der zu verwiegenden Flüssigkeit dienende Gefäß *F*, dasselbe ist in den Zapfen *d* gelagert und legt sich in der umgekippten Lage auf die beide Gehänge verbindende Traverse *T*. Die beiden Kontergewichte bewirken das selbsttätige Wiederaufrichten des Gefäßes nach erfolgter Entleerung; in dieser Lage wird dasselbe durch das einerseits am Gefäß, anderseits am Gehänge befestigte Gelenk *M* arretiert. Das Umkippen des Gefäßes erfolgt beim Abwärtsgehen des Gehänges, wobei das Gelenk *M* durch Aufsetzen auf die Bahn *P* zum Umknicken gebracht wird.

Um zu verhindern, daß sich das Gefäß *F* wieder aufrichten kann, ohne vollständig entleert zu sein, legt sich der Nocken *p* des Schwimmers *S* gegen die Schiene *f* des Gefäßes und hält dasselbe solange fest, bis infolge des abgelaufenen Öles der Schwimmer sich senkt. Die Rolle *D* des Gefäßes liegt während dieser Zeit unter der Bahn *P* und drückt das Gehänge abwärts; andernfalls die Gewichtschale das erleichterte Gefäß nebst Gehänge nach aufwärts ziehen und dadurch vorzeitiges Öffnen der Klappe *K* stattfinden würde. Das Abwärtsgehen des Gehänges wird durch die Anschläge *w* begrenzt.

Das verwogene Quantum wird an dem Zählwerk $Z$ registriert, der Antrieb desselben erfolgt durch das Gefäß $F$.

Die Wage verwiegt bei einer Gefäßfüllung von 10 kg stündlich ca. 2000 kg, macht demnach pro Minute ca. drei bis vier Entleerungen.

## Arbeitsweise der Flüssigkeitswage.

Im betriebsfertigen Zustand liegt die Gewichtschale auf dem am Untersatz befindlichen Stutzen; die angehobene linke Wagebalken-

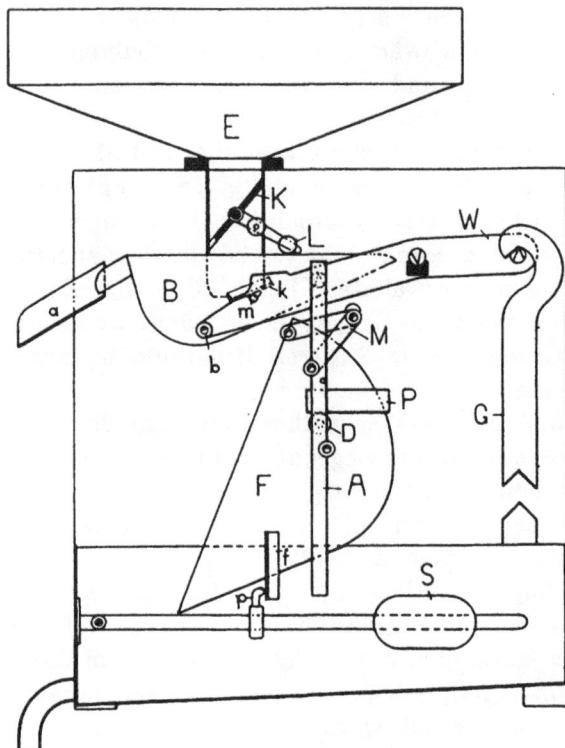

Fig. 109.

seite hält die Klappe $K$ geöffnet, so daß die zu verwiegende Flüssigkeit in vollem Strahl durch die Einlauföffnung $E$ fließen und die Klappe $B$ passieren kann, worauf sich das Gefäß $F$ schnell füllt.

Infolge des vom Gewichtshebel $L$ auf den Wagebalken ausgeübten Druckes senkt sich der Balken nach einiger Zeit, wobei auch die im Innern des Einlaufrohres befindliche Klappe $K$ sich langsam schließt. Im Gefäß $F$ sind ungefähr $9/10$ der Füllung enthalten, wenn der Klappenschluß perfekt ist. Der Rest der zu verwiegenden Flüssigkeit fließt in einem dünnen Strahl durch die in der Klappe *K* befindliche Öffnung *o* in das Gefäß *F*. Sobald in letzterem das genügende Quantum enthalten ist, schnellt die linke Wagebalkenseite abwärts, die bei *b* gelagerte Klappe *B* wird ebenfalls abwärts gedrückt, die daran befestigte Schiene *k* behält indessen durch Aufsetzen auf den Zapfen *m* ihre Lage, infolgedessen die rechte Klappenseite nach aufwärts gedrückt wird, so daß der Zufluß in das Gefäß *F* vollständig abgesperrt ist.

Infolge des abwärtsschnellenden Wagebalkens knickt schließlich das Gelenk *M* durch Aufsetzen auf die Bahn *P* zusammen, infolgedessen das Gefäß, dessen Schwerpunktslage sich durch die Füllung nach links verschoben hat, umkippen und seinen Inhalt in den Untersatz ausschütten kann. Die Stellung der Wage in diesem Moment ist in Fig. 109 schematisch dargestellt.

Der im Untersatz *C* befindliche Schwimmer *S* hebt sich infolge des sich ansammelnden Öles; die an demselben befindliche Nase *p* legt sich gegen die Schiene *f* des Gefäßes und hält letzteres solange fest, bis infolge des abgelaufenen Öles der Schwimmer sich senkt, worauf die Nase *p* das Gefäß frei gibt, welche nun infolge Übergewichts selbsttätig zurückschlägt bzw. durch die Gewichtschale im Verein mit der unterhalb der Bahn *P* gleitenden Rolle *D* gehoben wird.

Durch den aufwärts schwingenden Wagebalken wird gleichzeitig mittels der Rolle *e* die Klappe *K* geöffnet. Die Klappe *B* fällt infolge ihrer eigenen Schwere abwärts, worauf der Zufluß wiederhergestellt ist und das Spiel der Wage von neuem beginnt.

---

## II. Automatische Zementwage.

### Fig. 110—112.

#### a) Beschreibung.

Eine zur Verwiegung von feinkörnigem oder auch sandigem Material geeignete Wage zeigen die Fig. 110 u. 111 in Seiten- und Vorderansicht. Besonders in Zementfabriken findet diese Wage häufig Anwendung, sowohl um die Rohmaterialien, Kalk und Ton, im richtigen Verhältnis zu vermischen, als auch zur Feststellung der gesamten Ausbeute. Die nachstehend beschriebene Wage verwiegt bei einer Gefäßfüllung von 50 kg stündlich 7000 kg; die Anzahl der Entleerungen pro Minute beträgt demnach zwei bis drei.

Die Hauptteile der Wage sind der Einlauf nebst dem Mechanismus zum Öffnen und Schließen des Zuflusses, der Wagebalken nebst Gewichtschale und Gefäß, die Vorrichtung zum Entleeren und das Zählwerk.

Das feste Gestell der Wage wird von zwei Ständern gebildet, welche unten mittels der Traverse $T$ und oben durch die Einlaufplatte fest verbunden sind. Die Zuführung des Materials erfolgt durch die trichterförmige Einlauföffnung $E$, das Absperren des Zuflusses erfolgt durch die zu beiden Seiten des Einlauftrichters in Achsen gelagerte Klappe $B$, indem die daran befestigte Bürste beim Zuschlagen der Klappe sich unter die am Wagebalken befestigte Bürste legt. Um den Stillstand der Wage bei etwaiger Störung des Klappenschlusses zu veranlassen, dient der Sicherheitshaken $K$. Es kann vorkommen, daß sich in dem zu verwiegenden Material Fremdkörper, z. B. Holz oder Steine usw., befinden; beim Passieren des Einlaufes der Wage klemmen sie sich fest, infolgedessen sich die Klappe nicht schließen kann. Der erwähnte Sicherheitshaken $K$ ist am linken Klappenschild befestigt und greift solange unter den Nocken $k$ des Wagebalkens $W$, bis die Einlaufklappe $B$ ganz geschlossen ist. Sobald nun durch irgendwelche Beeinflussung der vollständige Klappenschluß verhindert wird, durch welchen Umstand zuviel Material in das Gefäß fließen würde, legt sich der Wagebalken auf den Sicherheitshaken, infolgedessen das Gefäß nicht entleeren kann. Die Wage steht solange still, bis der normale Zustand wiederhergestellt ist. Die Klappe $B$ nebst Sicherheitshaken $K$ und dem Hebel mit Rolle $d$ sitzt lose auf der Klappenachse; das Öffnen und Schließen der Klappe ist also vollständig abhängig von der Auf- und Abbewegung des Wagebalkens.

Der Wagebalken $W$ besteht wie bei allen zu dieser Gruppe gehörigen Wagen aus dem mittels Steg fest verbundenen Vorder- und Hinterbalken, dessen eingeschraubte Schneiden eine gebrochene Linie mit der Mittelschneide im tiefsten Punkt bilden. Die linken Arme sind durch eine Bürste verbunden, welche, wie schon erwähnt, zur Absperrung des Zuflusses dient. Rechtsseitig am Balken hängt die Gewichtschale $G$, deren mit Blei ausgefüllte Öffnung zwecks Verminderung der Staubansammlung mittels Deckblech geschlossen ist.

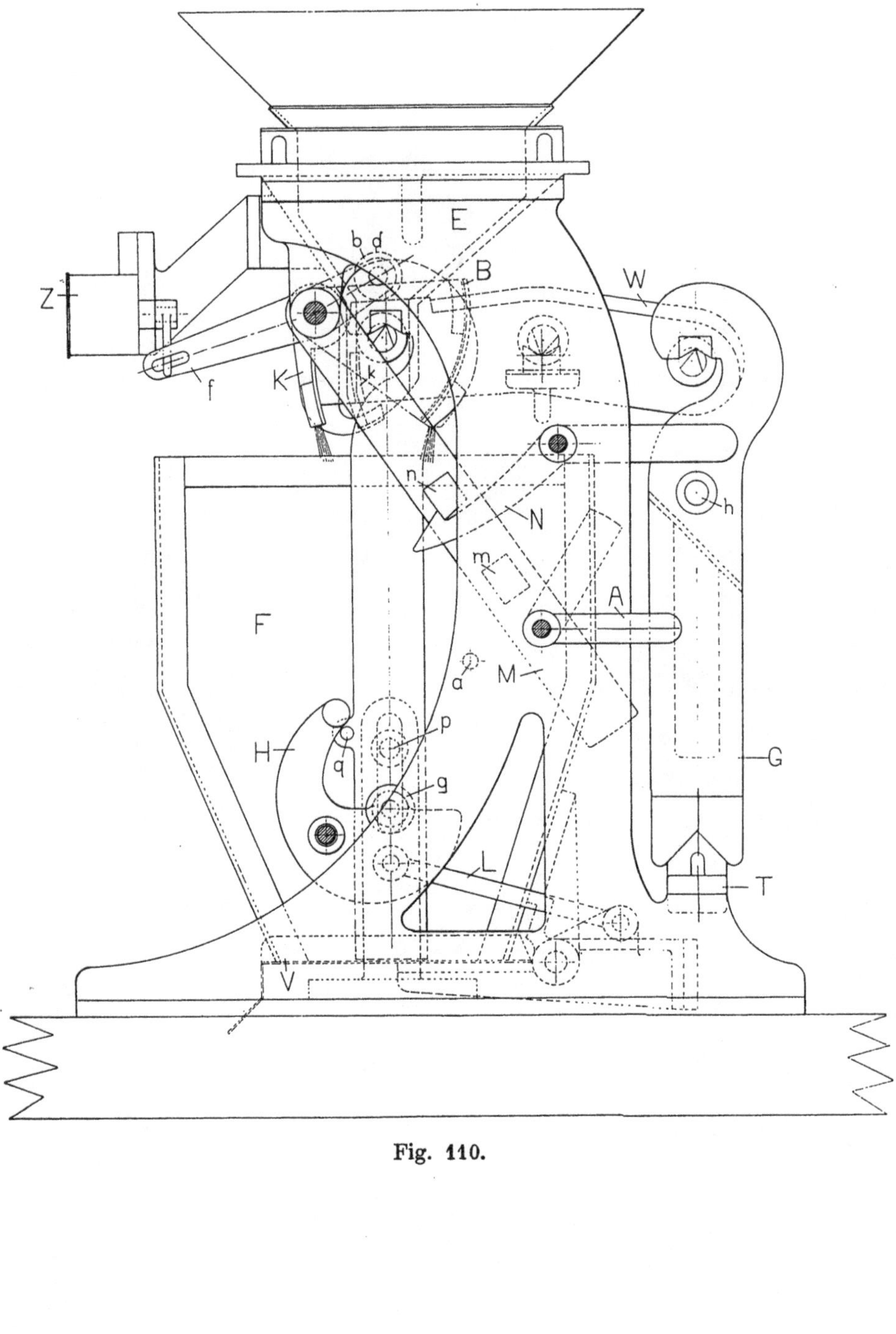

Fig. 110.

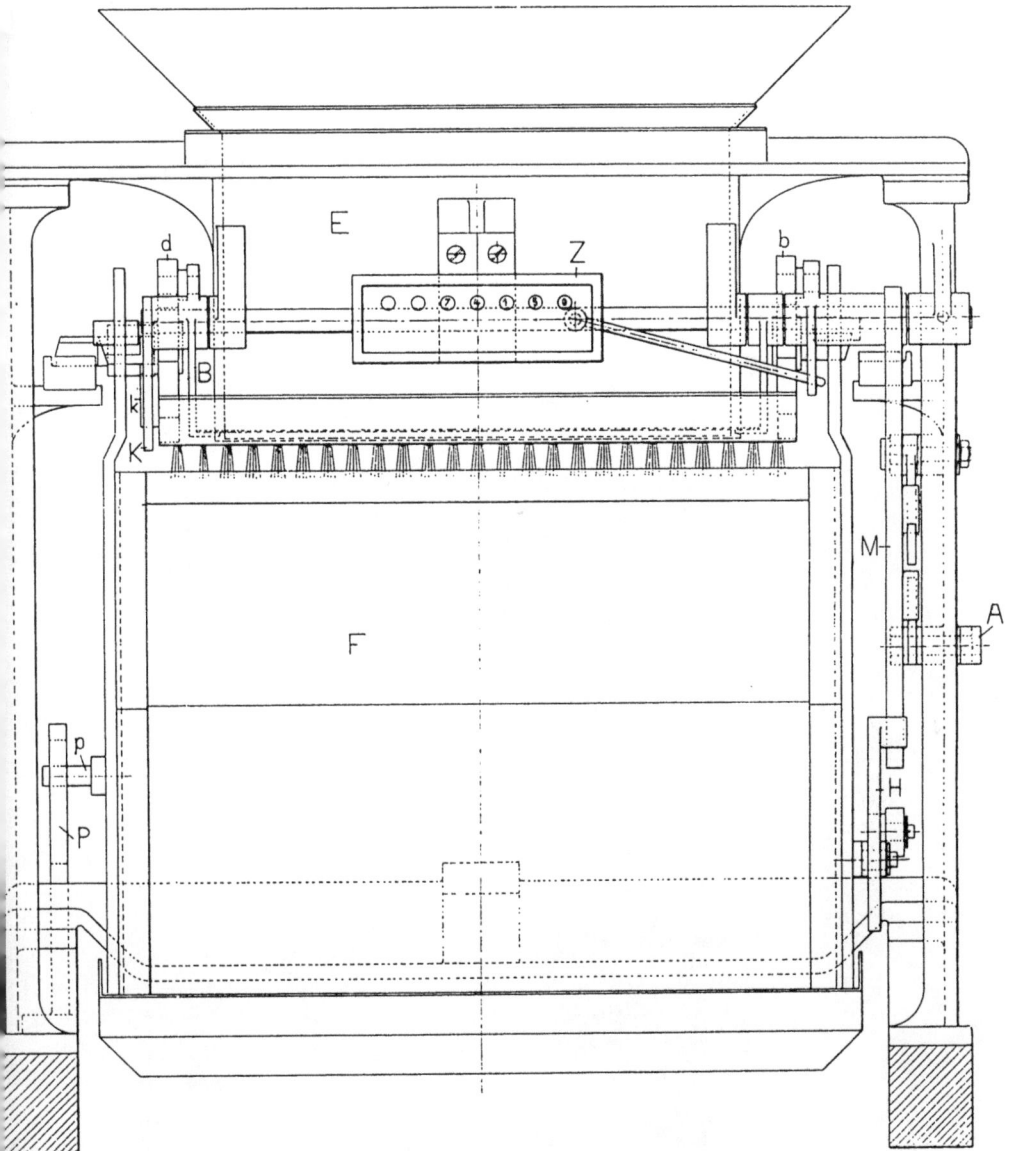

Fig. 111.

Druck und Verlag von R. Oldenbourg, München und Berlin.

Das an der linken Balkenseite hängende, zur Aufnahme des zu verwiegenden Materials dienende Gefäß *F* ist zum Schutz gegen Schwankungen mittels des Zapfens *p* in der Schiene *P* geführt. Die am Gefäß befindliche Bodenklappe *V* wird während der Dauer der Gefäßfüllung mittels der Stange *L* geschlossen gehalten. Letztere ist mit dem halbmondförmigen, an der Gefäßwand befestigten Hebel *H* gelenkartig verbunden.

Das Öffnen der Bodenklappe, das Entleeren des Gefäßes also, erfolgt durch den Schlaghebel *M*, welcher lose auf der Klappenachse gelagert ist und während der Dauer der Gefäßfüllung von dem Haken *N* arretiert ist.

Nach erfolgter Auslösung des letzteren durch die Gewichtschale bringt der Hebel *M* das von *H* und *L* gebildete Gelenk zum Umknicken, wodurch die Bodenklappe von dem ausfließenden Material geöffnet wird. Die am Schlaghebel befindliche Rolle *b* drückt den Wagebalken während der Gefäßentleerung abwärts, so daß sich die Einlaufklappe *B* erst öffnen kann, wenn nach beendeter Entleerung sich die Bodenklappe wieder geschlossen hat.

Soll die Wage zum Stillstand gebracht werden, so wird nach erfolgter Auslösung des Schlaghebels *M* der Griff *A* links herumgedreht, bis sich der daran befindliche Arm auf den Zapfen *a* legt. Der am Schlaghebel befindliche Nocken *m* legt sich gegen den Arm, infolgedessen die Einlaufklappe *B* geschlossen bleibt.

Das von der Wage verwogene Quantum bzw. die Anzahl der Entleerungen wird an dem Zählwerk *Z* registriert. Der Antrieb des letzteren erfolgt durch den mit dem Schlaghebel fest verbundenen Arm *f*.

### b) Arbeitsweise der Zementwage.

Fig. 110 zeigt die von der Wage beim Beginn einer Verwägung eingenommene Stellung. Die auf der Traverse *T* ruhende Gewichtschale drückt die linke Wagebalkenseite aufwärts und hält die Einlaufklappe *B* geöffnet, so daß das Wägematerial in voller Stärke durch die Einlauföffnung *E* in das Gefäß *F* fließen kann. Das Eigengewicht der mittels der Rolle *d* auf den Arm des Wagebalkens drückenden Klappe *B* bewirkt das allmähliche Abwärtsgehen des Gefäßes *F*, sobald etwa ¾ der Füllung in demselben enthalten sind. Infolge des mit dem sinkenden Wagebalken eintretenden allmählichen Schließens der Klappe nimmt naturgemäß auch die Stärke des Zuflusses ab, bis bei beendeter Füllung die Klappe *B* ganz geschlossen und der weitere Zufluß abgesperrt ist. In diesem Moment hat sich der Schwerpunkt des Wagebalkens plötzlich nach links verlegt, so daß die linke Wagebalkenseite abwärts saust. Dabei hebt der an der Gewichtschale befindliche Stift $h$ den Haken $N$ an und löst den-

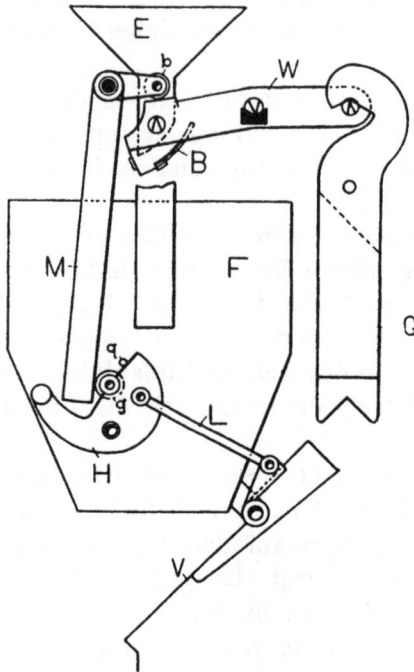

Fig. 112.

selben von dem Nocken $n$ des Schlaghebels $M$; infolge seiner eigenen Schwere schlägt letzterer gegen den oberen Zapfen des an der Gefäßwand befindlichen Hebels $H$, wodurch das von letzterem und der Stange $L$ gebildete Gelenk umknickt und die Bodenklappe $V$ infolge des Druckes des im Gefäß befindlichen Materials sich öffnet. Die Stellung der Wage in diesem Moment zeigt Fig. 112.

Während der Dauer der Gefäßentleerung drückt die geöffnete Klappe $V$ mittels der Stange $L$ den Arm $H$ gegen den Schlaghebel $M$, dessen Rolle $b$ den Wagebalken solange abwärts drückt, bis sich bei beendeter Gefäßentleerung die Bodenklappe infolge Übergewichts selbsttätig schließt. Die abwärtsschnellende Gewichtschale bewirkt das Anheben des Schlaghebels nach rechts, welcher wiederum mittels der Rolle $g$ den Arm $H$ in seine äußerste Stellung zurückdrückt. Der Stift $q$ dient dem Arm $H$ als Anschlag, und zwar sowohl in der geschlossenen als auch in der geöffneten Lage der Bodenklappe.

Die abwärtsschwingende Gewichtschale drückt den Schlaghebel $M$ bis in seine Arretierstellung zurück und stellt gleichzeitig durch Anheben der Einlaufklappe $B$ mittels der Rolle $d$ den Zufluß wieder her, worauf das Spiel der Wage von neuem beginnt.

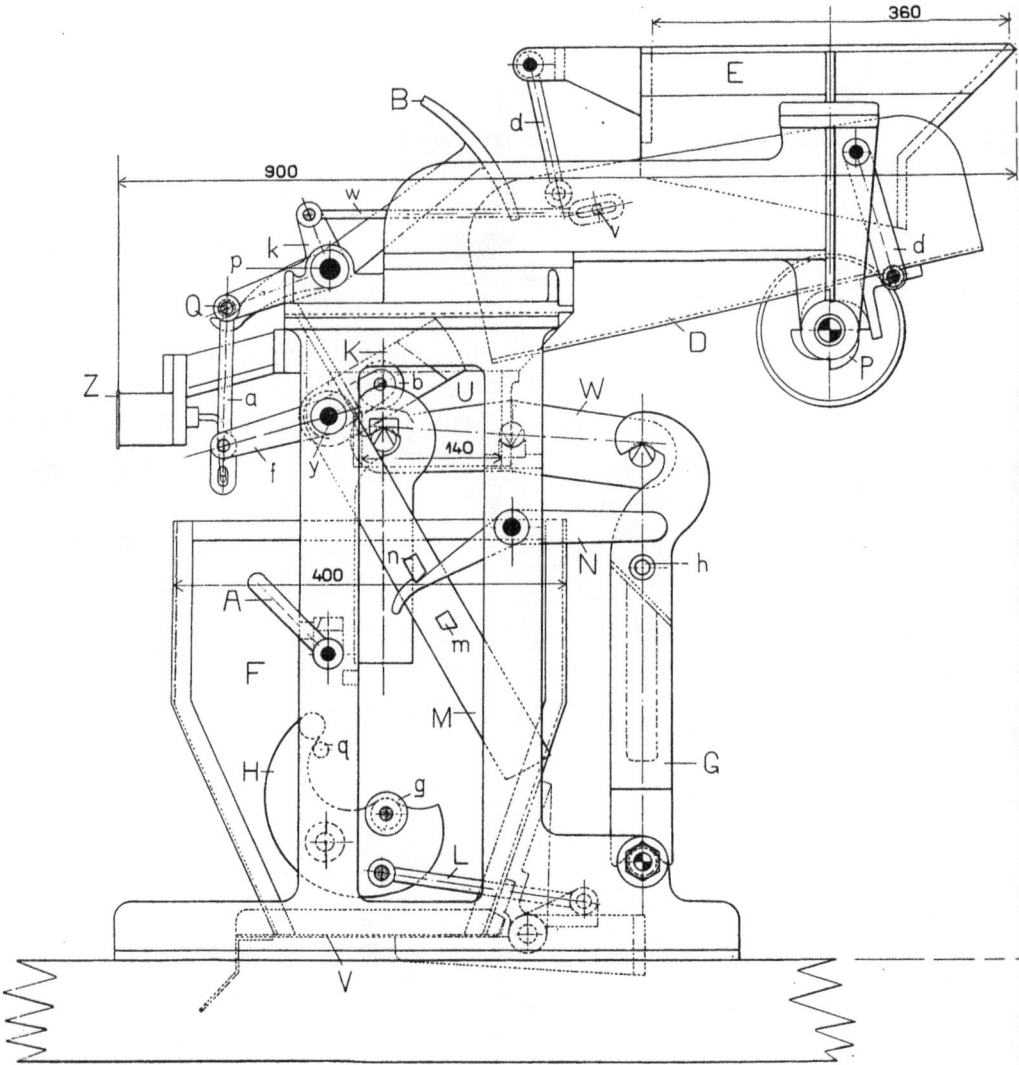

Fig. 113.

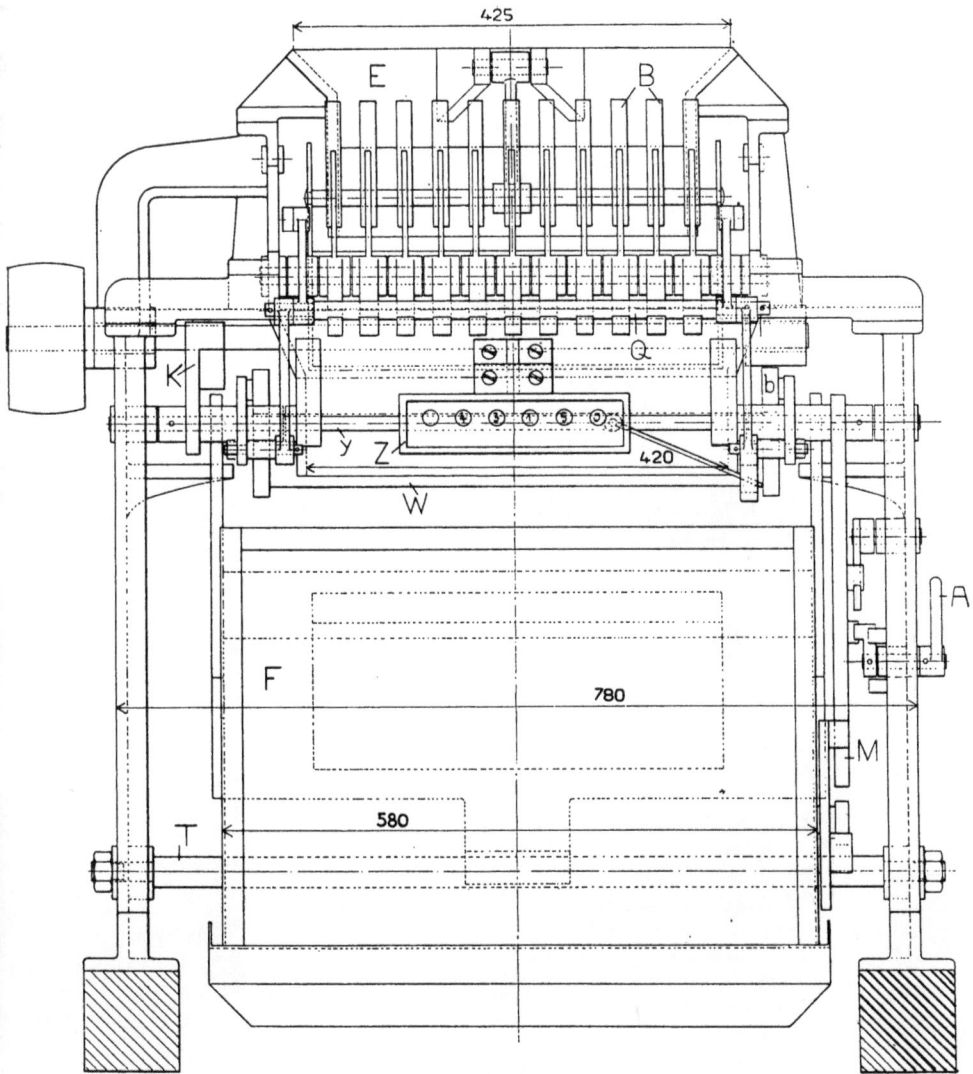

Fig. 114.

Druck und Verlag von R. Oldenbourg, München und Berlin.

# III. Automatische Kohlenwage.

## Fig. 113—115.

### a) Beschreibung.

Eine zur Verwiegung von stückigem Material bestimmte Wage zeigen die Fig. 113 u. 114 in Seiten- und Stirnansicht. Diese Wagenart findet vielfach in großen Kesselhäusern Verwendung, wobei die Wäge in die automatische Feuerung eingeschaltet wird und das zu verfeuernde Kohlenquantum selbsttätig verwiegt. Bei einer Gefäßfüllung von 50 kg verwiegt und registriert die nachstehend beschriebene Wage stündlich 6000 kg; dieselbe macht demnach 120 Entleerungen in dieser Zeit oder zwei pro Minute.

Die Konstruktion ist im wesentlichen dieselbe wie die der vorbeschriebenen Zementwage; der einzige Unterschied liegt in der Art der Materialzuführung in das Gefäß der Wage. Die Hauptteile sind also wie bei der vorigen die Einlaufvorrichtung, die vom Wagebalken sowie dem Gefäß und der Gewichtschale gebildete eigentliche Wage, die Vorrichtung zum Entleeren des Gefäßes und das Zählwerk.

Das feste Gestell der Wage wird von zwei Ständern gebildet, welche oben durch die Platte des Einlauftrichters und unten durch eine Traverse $T$ verbunden sind, letztere dient gleichzeitig der Gewichtschale $G$ als Auflage. Der obere Zuführungstrichter $E$ ist mittels zweier Seitenwände mit der Platte des Einlauftrichters $U$ verbunden. Unterhalb des Zuführungstrichters $E$ bis über den Einlauftrichter $U$ ist eine Schüttelrinne $D$ angeordnet, welche an den lose am Zuführungstrichter hängenden Stangen $d$ befestigt ist. Durch eine mittels Riementriebes in Drehung versetzte Nockenscheibe $P$ wird die Schüttelbewegung der Rinne erzeugt, welche bekanntlich dazu dient, den Zufluß des Materials in das Gefäß der Wage gleichmäßiger zu gestalten.

Das Absperren des Materialzuflusses erfolgt durch elf Fallhebel $B$, welche in der auf der Trichterplatte gelagerten Achse $p$ lose drehbar angeordnet sind und den Auslauf der Rinne $D$ je nach ihrer Lage offen oder geschlossen halten. Die hinteren Arme der Fallhebel greifen unterhalb der die beiden Winkelhebel $k$ verbindenden Traverse $Q$. Auf der an beiden Ständern und an der Einlaufplatte gelagerten Achse $y$ ist rechtsseitig der Schlaghebel $M$, linksseitig ein Gegengewicht $K$ befestigt (siehe Fig. 114). An beiden befindet sich ein kurzer

8*

Arm mit einer Rolle $b$, letztere über den Wagebalkenarmen angeordnet, desgleichen ein längerer Arm $f$, welche mittels Stangen $a$
mit der Traverse $Q$ verbunden sind. Sobald der Haken $N$ den Schlaghebel $M$ auslöst, werden sich infolge Aufwärtsbewegung der Traverse $Q$ die Fallhebel $B$ infolge ihrer eigenen Schwere senken und
den Zufluß unterbrechen.

Das Öffnen des Zuflusses erfolgt nach beendeter Gefäßentleerung
beim Aufwärtsgehen des Schlaghebels, wobei die Traverse $Q$ abwärts
gedrückt wird. Zwecks Unterbrechung der Schüttelbewegung der
Rinne $D$ während der Dauer der Gefäßentleerung dient die mit dem
Hebel $k$ verbundene Stange $w$, welche bei beginnender Gefäßentleerung durch Vermittelung des Schlaghebels $M$ und der am Arm $f$
desselben mit $k$ verbundenen Stange $a$ die Schüttelrinne bei $v$ angreift und nach rechts schiebt, wodurch dieselbe außer Bereich mit
der rotierenden Nockenscheibe $P$ kommt.

Betreffs der übrigen Teile der Wage, z. B. Wagebalken, Gefäß
und Gewichtschale nebst Vorrichtung zum Entleeren, sei auf die betreffenden Ausführungen der vorbeschriebenen Zementwage verwiesen,
bei welcher Anordnung und Konstruktion genannter Teile dieselbe
wie bei der Kohlenwage ist.

Das von der Wage verwogene Quantum bzw. die Anzahl der
Entleerungen des Gefäßes werden an dem Zähler $Z$ markiert, der
Antrieb des letzteren erfolgt durch die Hin- und Herbewegung des
Schlaghebels $M$ beim Beginn und Ende der Gefäßentleerung.

Zum Zwecke des Stillstellens der Wage dient der am Ständer
gelagerte Abstellgriff $A$; durch Herumdrehen desselben wird der
Schlaghebel $M$ bei $m$ arretiert, sobald derselbe die senkrechte Lage
einnimmt. Infolge der jetzt eingetretenen Unterbrechung des Zuflusses steht die Wage still.

### b) Arbeitsweise der Kohlenwage.

Die Stellung der Wage beim Beginn der Verwägung zeigt Fig. 113.
Der angehobene Schlaghebel $M$ hat die Traverse $Q$ abwärts gedrückt;
die elf Fallhebel $B$ sind in der höchsten Lage, so daß die dem Trichter $E$ zugeführte Kohlenmenge nach Passieren der Schüttelrinne $D$
und des unteren Einlaufes $U$ ungehindert in das Gefäß $F$ fließen
kann. Sobald etwa $9/10$ der Füllung im Gefäß enthalten ist, hat
sich dasselbe so weit gesenkt, daß sich der Schwerpunkt des Wagebalkens nach links verlegt hat, worauf die Gewichtschale aufwärts-

schnellt und der Stift *h* derselben den Haken *N* anhebt, so daß sich letzterer von dem Nocken *n* des Schlaghebels *M* löst. Infolge Eigengewichts schwingt der letztere abwärts und bewirkt zunächst das Absperren des weiteren Materialzuflusses, indem in bekannter Weise die Traverse *Q* durch Vermittelung von *a* und *f* angehoben wird, so daß die Fallhebel ihrer Unterstützung beraubt werden und auf den Boden der Schüttelrinne niederfallen.

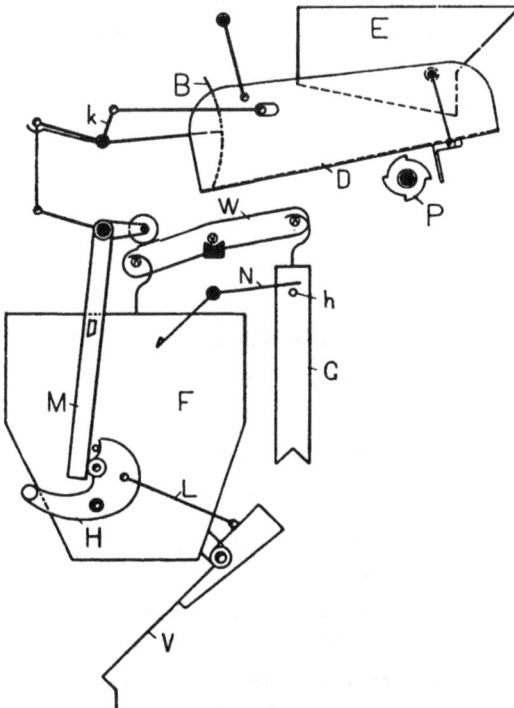

Fig. 115.

Gleichzeitig wird durch das Gestänge *w* die Schüttelrinne nach rechts verschoben, worauf dieselbe, weil außer Berührung mit der Nockenscheibe *P*, stillsteht. Zuletzt wird durch den herabschwingenden Schlaghebel der an der Gefäßwand befindliche Hebel *H* herumgeschlagen, das von letzterem und der Stange *L* gebildete Gelenk geknickt und die Bodenklappe *V* des Gefäßes geöffnet, worauf dasselbe schnell entleert wird. Die Stellung der Kohlenwage im Moment der Entleerung zeigt Fig. 115 in schematischer Darstellung.

Während der Dauer der Gefäßentleerung drückt die Rolle *g* des Hebels *H* gegen den Schlaghebel *M*, so daß letzterer die senkrechte Lage bei geöffneter Bodenklappe unbedingt beibehalten muß, denn nur in dieser Lage des Schlaghebels ist die Materialzuführung in das Gefäß unterbrochen. Nach beendeter Gefäßentleerung schließt sich die Bodenklappe selbsttätig infolge Übergewichts. Der durch Einfluß der Gewichtschale nach rechts schwingende Schlaghebel *M* stellt zunächst den festen Verschluß der Bodenklappe dadurch wieder her, daß der Drehpunkt der Stange *L* am Hebel *H* unterhalb der beiden andern Drehpunkte des Gelenks gedrückt wird.

Nachdem der Nocken *n* des Schlaghebels sich hinter den Arretierhaken *N* gelegt hat, ist auch durch Anheben der Fallhebel *B* der Zufluß wiederhergestellt, worauf das Spiel der Wage von neuem beginnt.

---

# IV. Automatische Absackwage für Getreide.
## Fig. 116—118.

### a) Beschreibung.

Die in den Fig. 116 u. 117 in Seiten- und Vorderansicht dargestellte Wage dient zur Verwiegung von feinkörnigem und sandigem Material in Säcken. Vermittelst einer am Wagebalken angeordneten Vorrichtung ist es bei entsprechender Belastung der Gewichtschale möglich, Verwiegungen von 50—100 kg vorzunehmen. Die Anzahl der Entleerungen schwankt zwischen zwei und drei pro Minute. In ihren Hauptteilen besteht diese Wage aus dem Wagebalken nebst Gewichtschale und Sackstutzen, der Einlaufvorrichtung nebst dem Mechanismus zum Öffnen und Schließen des Zuflusses und dem Zählwerk.

Die zum Befestigen mittels langer Bolzen an beliebiger Balkenlage oder Decke eingerichtete Deckplatte mit der Einlauföffnung *E* bildet das feste Gestell der Wage. In den zu beiden Seiten der Einlauföffnung angeordneten, nach unten gerichteten Konsolen ruht der Wagebalken *W* mittels Schneiden in lose gelagerten Pfannen. Der Wagebalken besteht wie üblich aus dem mittels Steg fest verbundenen Hinter- und Vorderbalken, dessen eingeschraubte Schneiden in einer gebrochenen Linie mit der Mittelschneide im tiefsten Punkt liegen. An dem Hinterbalken ist an einer mittels Stehbolzen an dem-

# Tauchnitz, Automatische Registrierwagen.

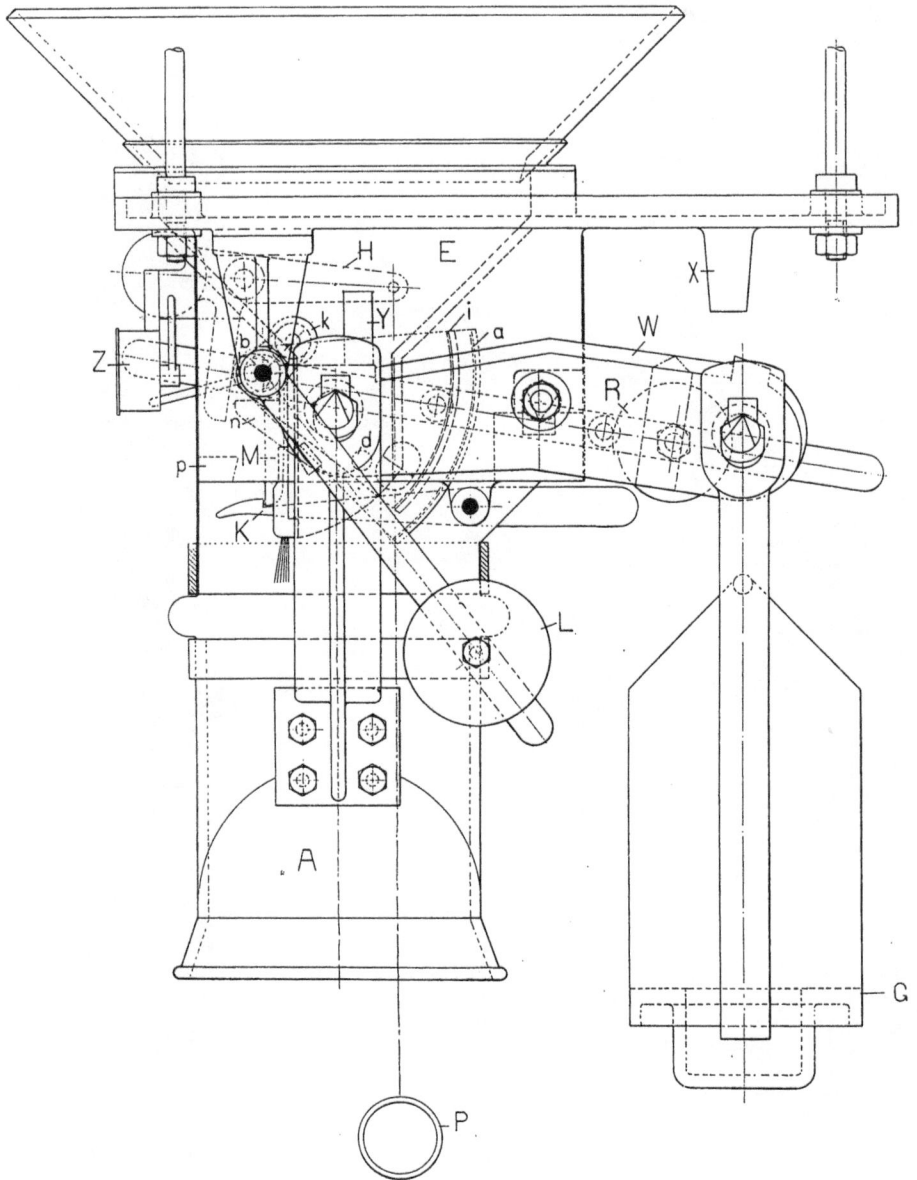

Fig. 116.

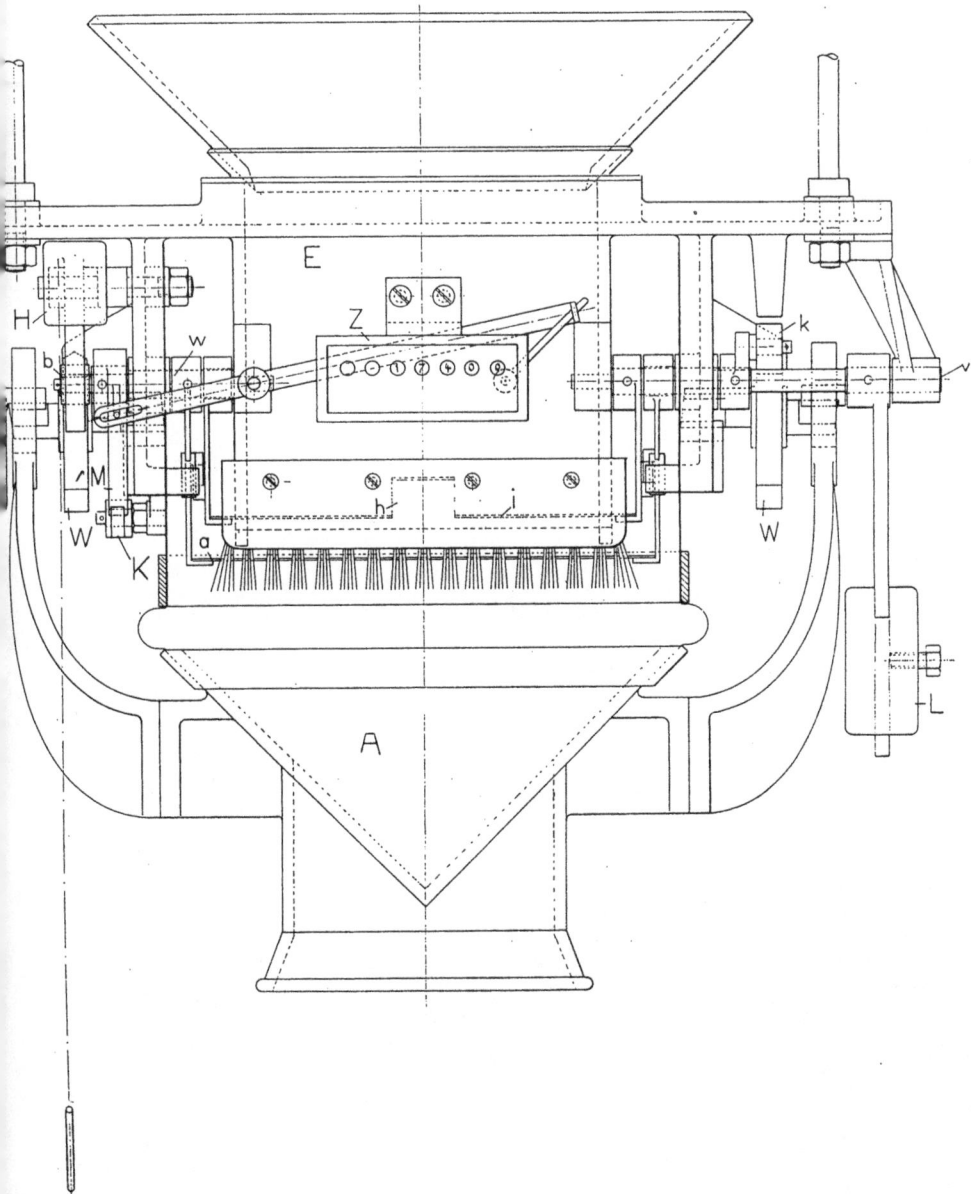

Fig. 117.

Druck und Verlag von R. Oldenbourg, München und Berlin.

selben befestigten Schiene ein verschiebbares Gewicht $R$ angeordnet, durch Verstellen desselben nach links oder rechts wird infolge des dadurch eintretenden früheren oder späteren Klappenschlusses eine weitgehende Reguliermöglichkeit der einzelnen Füllungen erreicht.

Die an der Deckplatte bzw. an den Konsolen befindlichen Stutzen $X$ und $Y$ dienen zur Begrenzung des Wagebalkenausschlages. Die am hinteren Balken befindliche Verlängerung $n$ legt sich, nach Abnahme des gefüllten Sackes vom Sacktrichter $A$, gegen den abwärts gerichteten Arm des Gewichtshebels $H$.

Am rechten Wagebalkenarm hängt die Gewichtschale $G$, welche zwecks Verminderung der Staubansammlung mit einem oben abgeschrägten Staubmantel versehen ist. Am linken Wagebalkenarm hängt der zum Anhängen eines Sackes dienende Sacktrichter $A$, letzterer ebenso wie die Gewichtschale mit lose gelagerten Stahlpfannen versehen. Zwecks Verminderung der Staubentwickelung beim Füllen des Sackes befindet sich zwischen dem Sacktrichter und dem Einlaufmechanismus eine Abdeckung von Seide oder Leinwand, welche indessen derart angeordnet ist, daß eine Beeinflussung des Wagebalkens nicht stattfinden kann.

Die Zuführung des zu verwiegenden Materials erfolgt in die trichterförmige Einlauföffnung $E$. Die Absperrung des Zuflusses bewirken die beiden seitlich des Einlauftrichters in Achsen gelagerten Klappen $i$ und $a$, von denen die innere $i$ sich zuerst schließt und den Hauptzufluß absperrt; der alsdann durch das im inneren Klappenblech befindliche Streuloch $h$ fließende dünne Strahl wird durch die äußere Klappe $a$ abgesperrt. — Wie aus Fig. 117 ersichtlich, ist die rechte Seite der inneren Klappe $i$ mit dem Rollenhebel $k$ und dem Gewichthebel $L$ auf der Achse $v$ fest verbohrt. Der als Abstufung wirkende Hebel $L$ übt mittels der Rolle $k$ einen Druck auf den Wagebalken aus, welcher je nach Lage des Gewichtes $L$ vergrößert oder verringert werden kann. Das Schließen der inneren Klappe erfolgt also allmählich, wenn der Wagebalken infolge Beschwerung des Sackes durch einfließendes Material abwärts schwingt, bis sich dieselbe sanft gegen die am Einlauf befestigte Bürste legt.

In Fig. 117 ist ebenfalls ersichtlich, daß die linke Seite der äußeren Klappe $a$ mit dem Hebel $M$ auf der Achse $w$ fest verbohrt ist. Das Schließen der äußeren Klappe, das gänzliche Absperren des Zuflusses also, erfolgt plötzlich, indem der abwärts schwingende Wagebalken den Haken $K$ von dem Hebel $M$ löst und die ihrer Stütze beraubte Klappe $a$ infolge Eigengewichts gegen den Anschlag $p$ schlägt. Das

Öffnen der beiden Klappen erfolgt durch den aufwärts schwingenden Wagebalken, indem die mit der inneren Klappe $i$ verbundene Rolle $k$ von demselben angehoben wird; mittels an den Klappenschildern befestigter Daumen wird damit auch gleichzeitig die äußere Klappe angehoben und von dem Haken $K$ arretiert. — Auf einem zur Achse $w$ exzentrischen Zapfen ruht die Rolle $b$; dieselbe bewirkt, daß der Gewichthebel $H$ während der Dauer der Verwiegung außer Bereich des Wagebalkens bleibt.

Das von der Wage verwogene Quantum bzw. die Anzahl der Ausschüttungen wird an dem Zählwerk $Z$ markiert; der Antrieb desselben erfolgt beim Auf- und Niedergehen der äußeren Klappe durch eine zwischen dem Hebel $M$ und dem Zählwerk hergestellte Verbindung.

### b) Arbeitsweise der Absackwage.

Die Stellung der Wage beim Beginn der Verwiegung zeigt Fig. 116; die beiden Einlaufklappen sind geöffnet, so daß das zu verwiegende Material in voller Stärke durch die Einlauföffnung $E$ in den am Sacktrichter $A$ mittels Sackschnalle befestigten Sack fließen kann. In dieser Anfangslage der Wage übt der mit der inneren Klappe $i$ verbundene Gewichthebel $L$ mittels der Rolle $k$ seinen größten Druck auf den linken Wagebalkenarm aus und bewirkt im Verein mit dem mittlerweile in den Sack geflossenen Material allmähliches Abwärtsschwingen der linken Wagebalkenseite, sobald ungefähr die Hälfte der Füllung im angehängten Sack enthalten ist. Mit dem abwärts schwingenden Wagebalken schließt sich auch die innere Klappe $i$ allmählich, bis sich dieselbe schließlich sanft gegen die am Einlauftrichter befestigte Bürste legt.

Der weitere Materialzufluß erfolgt jetzt nur noch in einem dünnen Strahl durch das im inneren Klappenblech befindliche Streuloch $h$.

Sobald nun die Füllung erreicht ist, schnellt der Wagebalken abwärts bis zum Anschlage $X$, so daß der am Balken befindliche Stift $d$ den Haken $K$, welcher die Klappe $a$ mittels des Hebels $M$ arretiert hat, auslöst, worauf die ihrer Unterstützung beraubte Klappe infolge Eigengewichts zuschlägt und den Zufluß gänzlich absperrt.

Durch die beim Zufallen der Klappe $a$ stattfindende Drehung der Achse $w$ wird die auf letzterer exzentrisch gelagerte Rolle $b$ nach rechts gedreht, der dagegen ruhende, nach abwärts gerichtete Arm des Gewichtshebels $H$ drückt infolge Eigengewichts ebenfalls nach

rechts, so daß er sich bei Schluß des Zuflusses oberhalb der Verlängerung $n$ des Wagebalkens befindet.

Die Stellung der Wage in diesem Moment ist in Fig. 118 schematisch dargestellt. Nach erfolgter Entfernung des Sackes vom Sacktrichter $A$ wird die nunmehr erleichterte linke Wagebalkenseite von
der Gewichtschale aufwärts gedrückt, bis sich der Nocken $n$ des Bal-

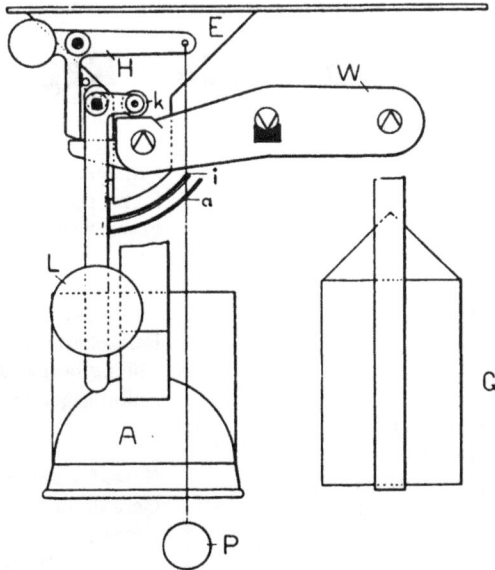

Fig. 118.

kens gegen den unteren Arm des Hebels $H$ legt. Nach Befestigung
eines andern Sackes an dem Sacktrichter beginnt eine neue Verwägung.
Zu diesem Zweck wird an dem handlich angeordneten, mit $H$ verbundenen Ringe $P$ gezogen, der untere Arm des Hebels $H$ bewegt sich
nach links und gibt den Wagebalken frei, welcher nun durch die Gewichtschale nach aufwärts bis an den Anschlag $Y$ gedrückt wird.
Die dadurch mittels der Rolle $k$ geöffnete Klappe $i$ nimmt in bekannter Weise auch die Klappe $a$ mit, welche in der geöffneten Lage
vom Haken $K$ arretiert wird.

Der Materialzufluß ist jetzt wiederhergestellt, und das Spiel der
Wage beginnt von neuem.

# Alphabetisches Register.

www.ingramcontent.com/pod-product-compliance
Lightning Source LLC
Chambersburg PA
CBHW031439180326
41458CB00002B/595